엄마의 대화력

엄마의 말투가
결국 해내는 아이를 만듭니다

엄마의
대화력

허승희 지음

체인지업
CHANGEUP

우리 집에 천재가 태어났다?

처음 기대했던 모습과 다를지라도

처음 아기를 안았을 때의 그 설렘을 기억하시나요? 그 작은 손가락과 발가락, 웃음소리와 옹알이, 뒤집기와 첫걸음까지, 부모에게는 그 모든 순간이 마치 기적처럼 느껴졌을 겁니다. 그때마다 속으로 외치곤 했지요.

"우리 아이는 정말 특별해, 어쩌면 천재일지도 몰라!"

사실 아이를 바라보는 모든 부모의 마음이 그렇습니다. 아기가 처음으로 무엇인가를 해낼 때마다 우리는 그 성취에 열광하며 자신감을 얻습니다. 그러다 시간이 흐르고 부모들은 그 설렘과 자부심 속에서 문득 질문을 던지기 시작합니다.

"왜 내 아이는 내 뜻대로 움직이지 않을까?"
"왜 다른 아이들과는 조금 다른 행동을 할까?"

아이가 자라면서 부모들은 아이의 기질과 행동을 보며 처음 기대했던 것과 다를 수 있다는 현실에 직면하게 됩니다. 때로는 '혹시 내 아이가 둔재가 아닐까?'라는 불안감까지 느끼기도 합니다. 저 또한 마찬가지였습니다. 대학에서 유아교육과 초등교육을 복수 전공하며 아이들의 발달 과정과 교육 방법을 배웠고, 학교 현장에서 수없이 시도했습니다. 그러나 이론은 이론일 뿐, 생각만큼 쉽게 적용되지 않더군요.

특히 내 아이가 교실에서 보던 다른 우수한 아이들과는 많이 다르다는 것을 알았을 때 더 큰 충격을 받았습니다. 교육자로서의 경험과 지식은 충분했지만, 부모로서 아이를 이해하는 일은 또 다른 차원의 도전이었으니까요. 초등학교 선생님이라는 이름으로 내 아이를 제대로 이해하지 못하고 교직과 부모를 병행한다는 압박감은 생각보다 컸습니다. 그래서 더 효율적이고 실질적인 육아 방법을 찾아야겠다고 결심했습니다.

그러던 중 한 가지 중요한 사실을 깨달았습니다. 모든 아이는 각자 다른 기질과 성격, 발달 속도를 가지고 있다는 점입니다. 아무리 좋은 방법이라도 같은 방식이 모든 아이에게 통할 수 없다는 것을 인정하면서, 맞춤형 육아의 필요성을 강하게 느꼈습니다.

내 아이에게 맞는 육아법 찾기

이 책을 쓰기까지 정말 다양한 책과 논문을 읽었고, 실제 교실과 가정에서의 사례를 분석하며 연구를 거듭했습니다. 그렇게 20여 년간의 교직 생활과 17년간 네 명의 아이를 키우면서 쌓아온 경험을 바탕으로 기질과 성격별 대화법을 정리했습니다.

분명한 것은, 모든 아이는 다르다는 점입니다. 그 다름을 인정하고 그에 맞는 대화법과 교육 방법을 찾을 때 아이들이 자신의 강점을 발휘할 수 있습니다.

직업의 특성상, 수많은 부모님들이 인사처럼 자주 물어보시는 말이 있습니다.

"교육자시니 아이들을 가르치기 편하시겠어요?"

사실, 30명의 학생보다 내 아이 한 명을 제대로 이해하고 키우는 일이 훨씬 더 어렵습니다. 물론 전문 지식이 있어 도움이 될 때도 많지만, 부모 역시 한 사람으로서 감정의 기복이 있고, 기질과 성격의 차이 때문에 아이와 갈등을 겪기도 합니다. 저 또한 다른 부모들처럼 끊임없이 배워가며 실수하고, 다시 시도하는 과정을 반복하고 있습니다.

부모가 아이에게 가장 중요하게 가르쳐야 할 것은 '삶의 태도'입니다. 아이가 자신의 삶을 주체적으로 책임지며, 독립적으로 행복할 힘을 길러주는 것이 중요하니까요. 이를 위해서 아이 스스로 탐구하고, 자신이 누구인지, 무엇을 원하는지, 무엇을 잘하는지 꾸준히 고민해야 합니다. "나는 어떤 사람인가?", "나는 무엇을 해야 행복한가?", "내가 잘하는 것은 무엇인가?"라고 질문할 수 있어야 아이 스스로 자신의 길을 찾을 수 있으니까요.

물론 육아는 점점 더 어려워지고 있습니다. 맞벌이 부부가 많아지며 부모의 역할도 늘어났고, 특히 엄마들이 느끼는 육아의 부담감은 더 큽니다. 저 또한 맞벌이를 하며 네 아이를 키웠기에 그 무게가 얼마나 무거운지 잘 알고 있습니다. 그래서 부모님들께 이렇게 이야기하고 싶습니다.

"육아에는 정해진 답이 없다."

양육은 예술과 같습니다. 예술 작품을 만드는 것처럼, 아이를 키우는 것은 창의적이고 영감이 필요하니까요. 수많은 육아 정보와 방법론 속에서 내 아이에게 꼭 맞는 방식을 찾아내는 것이야말로 진정한 부모의 역할입니다. 남들과 비교하지 않고 우리 아이의 기질과 성향을 이해할 때, 육아의 무게는 조금씩 가벼워지고, 아이와 함께 성장하는 기쁨을 느낄 수 있을 것입니다.

우리 모두 부모는 처음이고 실수하는 것도 당연합니다. 하지만 우리는 수많은 실수와 시행착오 속에서 아이와 함께 나이 들고, 함께 성장할 수 있습니다. 초조함을 뒤로 하고, 아이와 함께하는 시간을 즐겼으면 합니다. 그러면 어느새 아이도, 부모도 훌쩍 성장해 있을 테니까요.

이 책을 통해, 부모들이 아이의 기질과 성향을 더 깊이 이해하고, 그에 맞는 맞춤형 육아를 실천할 수 있기를 바랍니다. 또 아이의 숨겨진 가능성을 발견하고 그 재능을 키워나가는 여정에 함께하길 바랍니다.

2024년 12월 허승희 드림

PART 2 우리 아이에겐 '맞춤형 대화'가 필요합니다

PART 1
모든 아이에게 통하는 육아법은 없다

모든 아이는 제각각 다른 모습을 가지고 있습니다. 어른들은 큰 틀에서 아이들의
성향을 묶고 분류하지만, 성격이나 기질, 장단점, 욕구처럼 다양한 요소를 짜 맞
추다 보면 아이들의 숫자만큼 다양한 성향이 나오게 됩니다.
이 점에 유의하며 PART 1을 읽어주세요. 아이를 깊이, 그리고 빠르게 이해할수록
아이가 가지고 있는 가능성을 더 크게 꽃피워줄 수 있습니다.

CHAPTER 01

가능성의 씨앗 확인하기

아이가 너무 낯을 가리고, 등교할 때마다 울면서 저한테서
떨어지려고 하지 않아요.

미리 보는 엄마표 마음처방전

위험회피와 사회적 민감성이 높은 아이는 쉽게 겁을 먹습니다.
아이가 변화에 적응할 수 있도록 차근차근 단계를 바꿔가며
기회를 줘 보세요.

그 집 아이만 보이는 엄마의 마음

: 수십 권의 책보다 한 번의 대화

"아니, 옆집 세희는 책도 잘 읽고 글까지 잘 쓴다는데, 우리 집 애는 매일 축구로 난리네요. 책은 언제 읽고, 공부는 또 언제 할는지⋯."

"우리 집 아이는 축구라도 했으면 좋겠어요. 종일 집에서 뒹굴뒹굴! 말이라도 살갑다면 좋겠는데, 늘 시큰둥하고요, 어휴!"

"그래도 엄마는 가만히 놔두네요. 우리 애는 수학 문제 풀 때 옆에서 한마디 했다고 30분 넘게 눈물 콧물이네요. 내가 안 봐주면 혼자라도 하면 좋겠는데, 또 그건 싫다 하고!"

"이런저런 육아서나 공부법, 대화법 책을 따라 해봤는데, 안 통하더라고요. 기다리고, 공감해 줘도 아이는 여전히 변한 게 없어요. 참다 참다 머리끝까지 화만 나고요."

"우리 아이, 대체 뭐가 문제일까요?"

4남매를 키우는 엄마여서일까요? 엄마들 모임에 자주 참여하진 못해도 놀이터나 주말 체험지에서 만나는 엄마들과의 수다는 이렇게 늘 스펙터클, 버라이어티했습니다. 또 아이 넷을 키우며 다양한 사건 사고를 겪었지만, 한 명을 키울 때 생기는 고충도 만만치 않다고 느꼈습니다.

'우리 아이는 대체 왜 그럴까?'
'나는 왜 이렇게 화가 날까?'
'우리 아이는 왜 이렇게 공부를 못할까?'

그런데 만약 이런 엄마들의 고민을 다른 시점으로 바라보면 어떨까요? '우리 아이는 어떤 아이일까?', '나는 어떤 부모일까?', '우리 아이는 무엇을 잘할까?'로 말입니다.

20여 년 동안 초등학교 담임을 맡으며 느낀 것은 '똑같은 아이는 단 한 명도 없다'였습니다. 행동이나 태도, 지적 능력 등 다양한 영역은 물론이고, 수업 때 보여주는 행동이나 개인적으로 건넨 말에 대한 반응도 가지각색이었습니다. 그리고 제가 만나온 수백, 수천 명의 학부모와 아이를 키우며 만난 친구 엄마들도 마찬가지로 서로 다른 행동과 말투, 생활방식, 가치관 등을 가지고 있었습니다.

눈치가 빠른 분들은 벌써 알아차리셨을지도 모릅니다. 지금까지 우리가 수없이 부딪혔던 문제들은 이렇게 다른 아이와 부모의 모습만 쫓고 자신을 이해하지 못해서 생긴 문제라는 걸 말이죠. 이 점을 이해하지 않으면 어떤 좋은 자녀 교육서를 읽어도 소용없습니다.

제가 자신 있게 이런 말을 하는 것은, 저 또한 아이가 태어나기 전부터 지금까지 수없이 많은 육아서를 읽고 실행했기 때문입니다. 여기서 나온 결론은 결국 직접 내 아이와 부딪치며 아이에게 맞는 육아와 대화, 공부 지도를 해야 한다는 것입니다.

아이들은 저마다 고유한 능력이나 재능이 있고. 아이한테 맞는 육아법 또한 부모와 아이의 성향에 따라 달라집니다. 이제는 더 이상 우리 아이를 오해하지 말고, 내 아이가 지닌 고유의 성향, 강점, 그리고 부모인 나를 먼저 탐구해 봅시다.

우리 아이는 대체 왜 그럴까?

: 비교하지 말고 먼저 기질을 살필 것

기질을 설명하기 전에 우리 집 4남매 이야기부터 하고자 합니다. 같은 배에서 나왔지만 키우면서 느낀 아이들의 성향은 정말 달랐습니다.

● **첫째 아이**

첫째는 어릴 때부터 말과 글을 빨리 배웠고, 외향적이어서 놀이터에서 처음 만나는 또래나 형, 동생들과도 금방 친해졌습니다.

> "이렇게 활발하고 똑똑한 아이라면 키우기 참 수월할 것 같아요."
> "어쩜 이렇게 인사성이 밝을까요?"

주변에서 많이 해주던 말들입니다. 그러나 아이가 초등학교에 입학하자 독특한 행동 특성이 눈에 띄기 시작했습니다. 늘 재잘대며 밝게 지냈던 내 아이는 사실 아주 산만하고 부산한 아이였던 것이죠. 책을 읽을 때도 차분하게 앉아 있질 못했고, 블록 놀이를 하다가 다른 놀거리가 생각나면 그대로 놔두고 이곳저곳으로 옮겨 다녔습니다. 처음엔 호기심이

왕성하다며 긍정적으로 생각했지만, 초등학교 3학년이 되자 학습 과정에서 다양한 문제들이 발생했습니다.

● 둘째 아이

둘째는 아기 때부터 잘 웃었습니다. 하지만 한편으론 잘 울고 크게 소리치기도 했습니다. 그때마다 이렇게 생각하곤 했죠.

'이걸 먹고 싶어 하는구나. 이걸 불편해하는구나. 이것을 가지고 놀고 싶어 하는구나. 졸리는구나.'

사실 3살이 될 때까지는 이런 식으로 아이의 기본적인 욕구에 초점을 맞추곤 합니다. 그렇기에 아이가 자지러지게 울고 크게 소리치더라도 문제 삼는 경우는 드뭅니다. 하지만 점차 말문이 트이고, 아이와 대화가 많아지며 자주 부딪히게 되죠.

특히, 우리 둘째는 자신이 의도하거나 주도하지 않은 환경을 싫어했습니다. 예를 들면 계획한 일정이 바뀌었을 때 신경질적이 되고, 부정적인 말도 자주 사용했죠. 그러다 보니 첫째와 말싸움이 부쩍 많아졌고, 주도권을 두고도 참 많이 다투었습니다. 그 과정에서 아이의 고집불통, 반항적인 태도가 걱정되기 시작했습니다.

● 셋째 아이

셋째는 있는 듯, 없는 듯 늘 조용했습니다. 삼 형제 중에서 유일하게 유모차에 앉아 있는 것을 즐길 정도였죠. 또 첫째나 둘째와 달리 이유식을 먹일 때도, 몸을 씻길 때도 얌전히 앉아 엄마 아빠가 하는 대로 몸을 내어 주었습니다. 이것이야말로 '쉬운 육아', '육아 해방'이다 싶었고, '아이 셋을 키워내다 보니 이제 좀 노하우도 생겨서 수월해지나 보다.'라는 생각도 들었습니다.

그러나 3살 무렵, 언어가 폭발해야 할 그 시기에도 우리 셋째는 여전히 조용했습니다. 이런 걱정도 하곤 했습니다.

'아니, 첫째와 둘째는 3세 이전부터 언어력이 트여 재잘재잘 말을 잘했는데, 애는 무슨 일이지? 발달장애, 언어장애라도 있는 것은 아닌가?'

조금 더 기다려 보자는 생각으로 1년을 보냈고, 다행히 말을 못 하는 특별한 문제가 있는 것은 아니었습니다. 그저 말을 못 하는 게 아니라 적게 할 뿐이었습니다.

하지만 친구들과의 관계는 조금 우려스러웠습니다. 어린이집, 유치원 선생님의 상담에서 우리 셋째는 늘 혼자 뭔가를 만지고, 종이에 끼적이기를 즐기는 아이였습니다. 반면 친구들과 소꿉놀이나 함께 움직이는 것은 적었던 것이죠.

집에서도 이런 모습을 자주 보였습니다. 화장실에 혼자 가기 힘들어했습니다. 또 첫째와 둘째는 아파트 엘리베이터에서 이웃들에게 인사를 곧잘 하는데, 셋째는 쭈뼛거리며 엄마와 아빠 뒤로 숨기 일쑤였습니다. 첫째나 둘째와 너무도 다른 모습에 당황해 지역 놀이센터에 다니며 아이를 깊이 살펴보기도 했습니다.

진짜 문제는 초등학교 등교부터였습니다. 색칠이나 공작 수업에서 제 뜻대로 안 되면 색연필로 마구 덧칠해 버리거나 가위로 싹둑싹둑 잘라 버리고 구겨 버리고, 신체 놀이 시간에 선생님이 활동을 조금이라도 재촉하면 그 자리에서 꼼짝도 하지 않았습니다. 그럴 때마다 상담 전화를 참 많이 받았습니다. 왜 그런 것이었는지, 우리 셋째가 어떤 아이였는지는 뒤에서 더 살펴보도록 하겠습니다.

● 넷째 막내

이번엔 넷째 막내의 이야기입니다. 넷째는 노산이라 출산도 매우 힘들었지만, 밤새도록 잠을 자지 않아 4남매 중에서 가장 피곤한 100일을 보냈습니다. 조그마한 소리에도 깨서 엄마를 가만두지 않았습니다. 다행히 셋째와는 다르게 언어나 신체적인 특이점은 없었지만, 4세~5세 무렵부터 나타난 행동 특성이 있었습니다. 혼자서는 집 안에 있는 화장실, 부엌에도 못 가고 엄마 아빠의 시야에서 벗어나는 것을 꺼린 것이죠.

유난히 눈물도 많았고, 처음엔 딸이니 이럴 수 있다고 생각했는데, 나중에 알고 보니 이 아이의 고유한 특성이었습니다. 또 신기한 것은 한 번들은 음악이나 대화, 동작 등을 놀라울 만치 잘 기억하고 가족들에게 들려준 것입니다. 심지어는 춤이나 어떤 동작들도 잘 표현했습니다.

지금까지 '육아 경험이 있으면 다음 아이 육아는 쉬울 것'이라는 내 고정관념을 깨부순 우리 4남매 이야기였습니다. 일반적인 육아 책들의 내용이나 이웃집 선배 맘의 육아 방식과 대화법을 따라 해도 우리 아이들한테는 통용되지 않았습니다. 그리고 내가 아무리 좋은 말, 예쁜 말로 대화를 시도하려 해도 4남매 아이들 모두 다른 방식으로 반응했습니다. 그 이유는 '기질'과 '성격'이라는 아이들 고유의 특성 때문입니다.

그렇다면 이 '기질'은 정확히 무엇일까요? 기질의 사전적 정의는 '자극에 대한 민감성이나 특정한 유형의 정서적 반응을 보여주는 개인의 성격적 소질'입니다. '기량'이라거나 '타고난 성질'로도 표현할 수 있습니다. 말하자면, 아이가 유전적으로 가지고 태어나고 웬만하면 변하지 않으면서도 '아이가 어떻게 행동하는가'와 관련이 있습니다.

'기질'과는 구별되는 '성격'이라는 개념도 있죠. 기질이라는 원재료를 바탕으로, 환경과 상호작용하면서 형성되는 자기개념self-concept입니다. 평생토록 발달하거나 성숙할 수 있고, 기질이 유발하는 자동적 반응을 의도적으로 조절할 수 있습니다.

이런 기질과 성격 관련 연구와 검사들은 수없이 많습니다. 기원전, 히포크라테스가 말한 '다혈질, 담즙질, 점액질, 우울질' 등의 기질 연구부터, 여기서 파생된 다양한 개념들이 현재까지 개발되고 있습니다. 대표적인 것이 '에니어그램', 'MBTI' 등입니다.

17년여 동안 4남매를 키우고 직업과도 연관이 있다 보니, 책이나 논문 자료 등으로 살펴보지 않은 것들이 없는 것 같습니다. 특히 에니어그램은 지역 선생님들과 연구회 활동을 할 정도로 푹 빠져 있기도 합니다.

이 책은 개중 비교적 최신 기질·성격검사인 미국 워싱턴 대학교의 클로닝거C.R. Cloninger 박사의 기질-성격검사TCI에 바탕을 두고 있습니다. 이를 통해 아이의 기질을 파악하고, 그 기질에 적합한 다양한 육아 및 대화법을 말씀드리겠습니다.

③

우리 아이의 기질은?

: 아이의 성격을 만드는 대표적인 4가지 특성

이전 장에서 우리 집 4남매의 기질·성격이 나타나는 일상의 모습을 알아보았습니다. 그렇다면 우리 아이들에게 나타나는 기질적 특성은 어떤 요소들이 결합한 것일까요? 기질적 특성은 집, 요소들은 집을 짓는 재료라고 생각하면 이해하기 쉽습니다. 집에 따라 어떤 재료는 많이 쓰이고 어떤 재료는 적게 쓰이듯, 가장 두드러지는 특성이 무엇인지 생각하면 됩니다.

● **자극 추구 : 새로운 것에 달려드는 특성**

"나 이것도 해볼래요!"

"내가 맞아, 네가 틀렸어."

새로운 것을 좋아해서 이것저것 사 달라 하고, 만지고 싶어 하고, 맛보고 싶어 합니다. 호기심이 많고 충동적이어서 또래보다 걷기도 빠르고, 잘 뛰어다닙니다. 아주 어릴 때라면 유모차 타기를 거부하거나, 미끄럼

24 ● 엄마의 대화력

틀을 탈 때 위에서 아래로 미끄러져 내려오기보다 미끄럼틀을 거꾸로 타는 아이일 것입니다.

학교에서 모둠별 활동이나 신체활동을 하면 금방 땀을 흘리고, 얼굴이 빨갛게 달아오르는 아이들이죠. 또 보드게임을 할 때 규칙을 수시로 바꾸며 친구들을 당황하게 만듭니다. 반대로, 자극 추구 요인이 낮으면 차분하고 오랜 시간 조용히 앉아 있는 걸 좋아합니다. 큰 동작으로 뛰어놀기보다 작은 장난감이나 퍼즐, 블록 등을 세밀하게 조작하는 것을 좋아합니다.

주변 사람들은 이 특성이 높은 아이를 보고 적극적이고 호기심 많으며 활발하다고 말합니다. 반면 부모는 산만하고 부산스럽다고 느끼며, 학교에선 가만히 앉아 있을까 걱정하실 수도 있습니다.

● **위험회피 : 위험하다고 느끼면 피하는 특성**

"엄마, 만약에 엄마가 늦게 오면 나는 어떻게 해?"
"만약에 사고가 나면요? 그래서 학교에 늦으면?"

이 특성이 강한 아이는 새로운 사람이나 상황에 쉽게 겁먹고 회피합니다. 이유식을 먹일 때를 생각해보세요. 낯선 음식 냄새에 코를 찡그리거나 때론 뱉어내기까지 합니다. 또 엘리베이터에서 이웃을 만났을 때도 곧바로 인사를 못 하거나, 고갯짓만 하는 둥 마는 둥 하고 부모에게 얼굴을 파묻고 외면할 때도 있습니다.

독특한 말버릇도 있습니다. 말을 시작할 때 '만약에'라는 말을 많이 붙이는 것이죠. 하지만 자세히 물어보면, 또 "아니야~."라며 더 이상 언급을 꺼리곤 합니다.

또 다른 모습은 쉽게 지치는 것입니다. 다른 아이들은 친구들과 밖에서 축구를 하거나 학원에 다녀와서도 놀고 싶다며 밖으로 뛰쳐나가는 등 에너지가 남아도는데, 위험회피가 높은 아이들은 또래에 비해 쉽게, 더 빨리 지치곤 합니다. 더 나아가면 떼를 쓰고, 짜증 부리고, 울기 시작합니다.

주변 사람들은 이 특성이 높은 아이를 보고 신중하고, 미리미리 준비하는 준비성이 투철하다고 생각합니다. 반면 더 자주 접하는 부모님들은 어릴 때부터 느리고, 새로운 친구를 잘 못 사귀며, 새로운 환경에 적응하지 못하는 모습에 많이들 실망하곤 합니다.

● **사회적 민감성 : 다른 사람의 인정과 욕구, 반응에 민감한 특성**

"엄마, 피곤해요?"
"아빠, 화났어요? 제가 아까 짜증 내서 그래요?"

사회적 민감성이 높은 아이들은 마음이 따뜻하고 감수성이 예민합니다. 같은 영화를 보더라도 슬픔과 기쁨에 쉽게 빠져들고, 남에게 자신이 느낀 것을 잘 표현합니다.

사람을 좋아하는 모습이 뚜렷한데, 가족이나 친구와 함께하는 것을 중요하게 생각합니다. 그래서 지나가는 사람에게도 인사를 건네고, 친구에게 자기 물건을 나눠주며 만족감을 느낍니다. 또 그 사람의 상태나 감정에 이입을 잘하기 때문에 '저 사람은 내가 이렇게 하면 어떨까?'라는 생각을 늘 달고 있습니다.

주변 사람들의 상황이나 감정에 민감한 사람들은 두 가지 상반된 모습을 보일 수 있습니다. 하나는 높은 사회성을 발휘해 타인과 원만하게 어울리는 경우이고, 다른 하나는 지나치게 민감해져 불안감을 느끼는 경우입니다. 이런 자녀의 부모님들은 아이가 마음을 잘 헤아리고 따라준다고 흡족해하지만, 한편으로 다른 아이들의 요구에 쉽게 휘둘릴까 걱정하는 경우가 많았습니다.

또 때때로 의존적인 모습을 보여주거나, 일상의 사소한 변화들에도 잘 적응하며 쉽게 부정적인 감정을 내보이지 않기 때문에 잘 보살펴야 하는 면모도 가지고 있습니다.

● 인내력 : 자신이 하려던 일을 끝마치려고 끈질기게 매달리는 특성

"마지막으로 한 번 더 해볼게요."
(완벽주의의 경우) "엄마, 난 안 할래. 나한텐 별로야."

근면하게 보이며 참을성이 있고 일이 잘 안돼도 또다시 시도하는 아이들입니다. 다소 어려운 블록 맞추기를 하더라도 끈질기게 물고 늘어지며 몰두합니다. 반대로 이 요소가 낮은 아이들은 작은 어려움에도 쉽게 낙담해 금방 포기하는 것처럼 보입니다. 어떤 장난감으로 놀다가도 금새 다른 장난감으로 옮겨 가고, 잘 안되면 먼저 엄마를 찾아 도와달라 말합니다.

부모님들은 내 아이가 인내력이 높길 바랍니다. 위의 설명만 보더라도 뭔가 다 해낼 것 같지 않나요? 하지만 장점만큼 단점도 있기 마련입니다. 바로 '성취지향'과 '완벽주의'적인 모습입니다. 남들과 비교하였을 때 무조건 이겨야 하고, 뜻대로 안 되거나 지면 울고불고 난리가 나거나(성취지향), 내가 생각하는 것만큼 잘해야 하고 그대로 안 되면 숙제도 찢어버리고, 공책에 글씨를 쓰다가 끄적끄적 그어버리기도 합니다(완벽주의).

열심히 하고, 잘하려고 하고, 이기려고 하는 이런 특성 때문에 어떤 일을 잘하지 못할 것 같으면 아예 시작조차 안 하려고 할 때도 있습니다. "엄마, 난 안 할래. 나한텐 별로야."라는 식인 거죠. 할 수 있는 것들을 해

※ 아이의 4가지 기질 특성

기질 요소	높은 경우	낮은 경우
자극 추구	탐색적인, 충동적인, 무절제적인, 자유분방한, 짜증을 잘 내는	말 없는, 조심성 있는, 절제적인, 세밀한
위험회피	수줍은, 두려움 많은, 불안한, 쉽게 지치는,	외향적인, 무모한, 낙관적인, 에너지가 넘치는
사회적 민감성	감상적인, 수용적인, 따뜻한, 애정이 많은, 친밀한, 의존적인	냉담한, 무관심한, 차가운, 독립적인
인내력	끈기 있는, 근면한, 굳게 결심하는, 열정적인, 완벽주의적인	게으른, 응석이 많은, 적게 일하는, 실용적인

가면서 성취감을 느껴야 하는데, 자기의 능력보다 높은 것만 하려는 아이도 있었습니다.

지금까지 기질을 결정하는 4가지 특성을 알아보았습니다. 최근에는 더 세밀하게 분류해 '감각 민감성'을 더할 때도 있지만, 위의 4가지 특성과 겹칠 때가 많아 여기서는 제외하였습니다.

앞의 표를 보고 우리 아이는 어떤 요소가 높고 낮은지 알아보았으면 합니다. 특히, 3살부터 7세까지 아이의 모습을 유심히 관찰하면 기질을 쉽게 파악할 수 있습니다.

또 환경이나 부모의 양육 태도에 따라 초등학교에서 중학교로 넘어올 때 기존 기질의 성격 부분을 보완할 수 있다는 점도 잊지 마세요.

우리 아이는 어떤 유형에 가까울까?

: 오아시스 기질·성격 유형과 그 특성

앞에서도 계속 말했지만, 기질과 성격의 조합은 대한민국 아이들 수만큼 갈라질 수 있습니다. 하지만 학교에서 다루기 힘들었던 유형, 학부모 상담에서 부모님들이 양육의 어려움을 호소한 경우들, 그리고 직접 네 아이를 키우며 힘들었던 요소들을 엮어 네 모델로 묶었습니다.

물론 '우리 아이는 여기에도 속하고 저기에도 속하네?', '우리 아이는 이 유형의 이런 점은 비슷한데, 또 다른 점에서는 달라.'라고 생각하실 수 있습니다. 내 아이가 해당하는 유형, 해당하는 요소에 얼마만큼 가까운지 직접 판단하시고, 필요한 부분을 자녀의 상황에 맞게 활용하길 바랍니다.

● **O(Obstinate, 굳센) 유형**

자극 추구와 인내력 ↑ / 위험회피와 사회적 민감성 ↓

"내가 이기고 말 거야!"

"이렇게 하는 게 더 좋아, 왜 이걸 해야 돼?"

O 유형인 아이들은 목표를 달성하기 위해 고집스럽게 행동하며, 쉽게 포기하지 않습니다. 자주 화를 내며, 자기 뜻대로 일이 진행되지 않으면 물건을 던지거나 성질을 부리기도 합니다. 그만큼 자존감이 높고, 자기 능력에 대한 자신감도 강하다고 볼 수 있습니다.

일견 고집스러워 보일 수 있지만, 이를 잘 가꾸면 독립성과 리더십을 싹틔울 수 있습니다. 그러기 위해선 아이가 스스로 결정할 기회를 제공하고, 그 결정을 존중하는 모습을 보여줘야 합니다.

하지만 자칫 잘못하면 독선적인 성격이 될 수 있습니다. 이런 유형의 아이는 자신의 성취와 독립, 그리고 남의 인정보다 자기가 내린 결정을 더 중요하게 생각하는 만큼, 이런 부분에 신경 써서 넌지시 말할 필요가 있습니다.

● **A(Active, 활동적) 유형**

자극 추구와 사회적 민감성 ↑ / 위험회피 ↓

"이거 재미있어 보이는데! 또 해볼래."
"그냥 빨리 하자! 너무 오래 걸려."
"지루해, 새로운 거 해보자."

A 유형의 아이는 끊임없이 움직이며, 놀이 중에도 가만히 있지 못합니다, 집중력이 짧아 한 가지 활동을 오래 하지 못하고 다른 활동으로 옮겨 다니지만, 그만큼 실수나 실패에 대한 두려움이 적고 새로운 상황에서

도 두려움 없이 도전하는 모험정신이 강합니다.

산만하고 충동적으로 보일 수 있지만 열정과 활력이 넘치고 친구 관계
도 원만한 활동가로 자라날 가능성이 있습니다. 이런 아이들에겐 통제
나 규칙을 가르치는 대신 자유롭게 활동할 수 있는 환경을 보장해주는
것이 좋습니다.

물론 어떤 실수를 했을 때나 잘못된 선택을 했을 때, 자기 행동에 따른
결과도 함께 알려주어 책임감을 함께 키워줄 필요가 있습니다.

● S(Steady, 꾸준한) 유형

위험회피 ↑ / 자극 추구 요소와 사회적 민감성 ↓

"지금 말 안 할래, 나중에 할게."
"잘 모르겠어. 조금만 더 생각해 볼래."

S 유형의 아이는 느긋하고 차분한 성향입니다. 독서처럼 조용한 활동
을 좋아하며, 움직임이 적습니다. 다른 사람들과 잘 어울리기보다 혼자
있는 것을 좋아하고, 그만큼 자신의 감정이나 생각을 표현하는데 서투
릅니다. 그래서 쉽게 자기 의견을 표현하지 않죠.

느리고 소극적일 수 있지만, 이는 끈기와 지속력이라는 강점으로 발전
할 수 있습니다. 부모나 교사는 아이가 자신의 페이스에 맞춰 학습하고
성취할 수 있도록 시간을 주며 격려하는 것이 중요합니다. 이렇게 안정
된 환경을 만들어 주면 꾸준히 성장해 학문이나 특정 분야에서 깊이 있

는 성과를 낼 가능성이 큽니다.

　갑작스러운 변화나 급격한 상황에 불안을 느낄 수 있으니 최대한 조심
스럽게 아이의 취향을 파악하고 환경을 만들어주는 것이 중요합니다.

● C(Careful, 조심스러운) 유형

위험회피와 사회적 민감성 요소 ↑ / 자극추구와 인내력 ↓

"이거 무서워, 나 못하겠어."
"새로운 친구는 별로야, 내가 아는 사람이 좋아."

　C 유형의 아이는 낯선 사람이나 새로운 환경에서 불안해하며, 쉽게 겁
을 먹습니다. 이런 예민함 때문에 울거나 떼를 쓸 때도 많아 변덕스러운
'공주님', '왕자님'처럼 보이기도 합니다. 새로운 활동이나 모험보다 익숙
한 것을 좋아하고, 타인의 감정에 민감합니다. 그래서 친구를 사귈 때도
매우 신중한 모습을 보여줍니다.

　예민하고 겁이 많아 보일 수 있지만, 이는 곧 배려심과 신중함으로 발
전할 수 있습니다. 또 감각 기능이 뛰어나서 예술적이거나 학문적인 분
야에서 강점을 발휘할 가능성이 큽니다. 물론, 이런 재능의 싹을 틔우려
면 부모님이나 선생님의 부드러운 지원과 지속적인 보호가 필요합니다.
아이가 변화에 적응할 수 있도록 차근차근 단계를 바꿔가며 기회를 줘
보세요.

　위의 내용을 통해 각 유형에 따른 아이들의 행동과 말, 심리와 욕구를

이해하셨으면 합니다. 아이의 기질을 직시할수록 그 안에 숨어있는 가능성의 씨앗들을 키워줄 수 있으니까요. 그리고 유아에서 초등학생 시기 아이들은 자기가 가진 기질에 큰 영향을 받습니다. 때로는 독선적일 수도, 너무 조용하거나 예민할 수도 있어요. 하지만 올바르게 욕구를 만족시켜주고, 이해해주면 잠재력을 더 크게 키울 수 있습니다.

물론 아이를 가장 가까운 곳에서 지켜보는 만큼, 부정적인 모습이 눈에 밟힐 수 있습니다. 하지만 누구보다 빠르게 내 아이가 가진 기질과 가능성을 찾을 수 있는 것도 바로 부모입니다. 뾰족뾰족하게 튀어나온 아이의 성격은 잘 다듬어 주머니를 찢고 나올 무기로 만들어 주시고, 조용하고 겁이 많은 아이는 꾸준히 자신의 강점을 키울 힘을 보태 주시길 바랍니다.

O·A·S·C

내가 이기고
말 거야!

이거 재미있어 보이는데!
또 해볼래.

O(Obstinate, 굳센) 유형

A(Active, 활동적) 유형

새로운 친구는 별로야,
아는 사람이 좋아.

잘 모르겠어.
조금만 더
생각해 볼래.

S(Steady, 꾸준한) 유형

C(Careful, 조심스러운) 유형

지금까지 몰랐던 내 아이의 진짜 기질!

: 아이의 기질을 확인할 간단 체크리스트

▶ 기질 체크리스트 응답법 ◀

그렇다: 1점,   아니다: 0점

기질 요소별로 8개 문항에 응답한 후, 점수를 더해 기질 요소의 성향을 판정한다.

☑ **자극 추구**

자극과 변화를 추구하고, 새로운 환경에 관심을 가지는 정도를 알 수 있습니다.

새로운 장난감에 금방 흥미를 보인다.	
새로운 음식을 맛보는 것에 대해 긍정적인 반응을 보인다.	
반복되는 활동보다 새로운 활동을 더 좋아한다.	
여행이나 모험을 즐긴다.	
경쟁이 있는 활동을 좋아하고, 승부욕이 강하다.	
새로운 친구를 사귀는 것을 즐긴다.	
규칙에 얽매이지 않고 자유로운 활동을 선호한다.	
활동적이고 가만히 있는 것을 힘들어한다.	

☑ **위험회피**

위험을 회피하려는 성향, 불안감을 느끼는 상황에서 신중해지는 정도를 알 수 있습니다.

낯선 사람과 대화하는 것을 꺼린다.	
높은 곳이나 빠른 속도를 경험할 때 불안해한다.	
잘 모르는 상황에서는 머뭇거리는 편이다.	
실패할 가능성이 있을 때 새로운 도전을 꺼린다.	
위험한 상황을 피하려는 경향이 있다.	
규칙을 잘 따르고 어긋나지 않으려고 한다.	
실패나 비판을 두려워한다.	
갑작스러운 변화나 새로운 상황에 불안을 느낀다.	

☑ 사회적 민감성

타인의 감정과 필요를 잘 이해하고 공감하는 능력을 알 수 있습니다.

친구가 슬퍼할 때 쉽게 공감하고 위로한다.	
다른 사람의 표정이나 감정을 잘 알아차린다.	
그룹 활동에서 자연스럽게 팀워크를 이룬다.	
다른 아이들의 의견에 민감하게 반응한다.	
친구가 필요로 할 때 도우려고 한다.	
비판이나 무례한 말을 들으면 쉽게 상처받는다.	
사람들과 대화할 때 상대방의 감정을 먼저 고려한다.	
친구나 가족의 감정 상태에 민감하게 반응한다.	

☑ 인내력

목표를 향해 꾸준히 노력하는 성향과 어려움을 이겨내는 능력을 알 수 있습니다.

어려운 문제를 포기하지 않고 끝까지 도전한다.	
오래 걸리는 과제도 지치지 않고 꾸준히 한다.	
반복 연습이 필요한 활동을 꾸준히 한다.	
어떤 활동을 시작하면 끝까지 마치려고 한다.	
쉽게 지치거나 포기하지 않고 노력하는 성향이 있다.	
게임이나 퍼즐에서 실패해도 다시 도전하려 한다.	
계획한 일을 반드시 끝까지 해낸다.	
목표를 세우면 그 목표를 달성하기 위해 꾸준히 노력한다.	

▶ 점수 합산 및 판정 ◀

0점~3점: 해당 성향이 낮음,   4점~6점: 중간 수준,   7점~8점: 해당 성향이 높음이 체크리스트를 사용하실 때는 기질 중에서 특정한 요소가 높거나 낮지 않은지 주의 깊게 살펴보는 것이 중요합니다. 특히 '극단적'인 범주에 해당하는 요소가 많다면 아이를 키울 때 어려움을 겪을 가능성이 높습니다. 반면, '무난한' 범주에 해당하는 요소가 많다면 상대적으로 쉬워지겠죠.

한 연구에 따르면 아동 중 98.5%가 최소 하나 이상의 기질이 높거나 낮게 평가되었습니다. 이는 사실상 거의 모든 아이가 특정 기질에서 독특한 특성을 보인다는 뜻으로, 아이의 기질에 따른 맞춤형 양육과 대화 전략이 필요하다는 것을 의미합니다.

저 또한 4남매를 키우며 제각각 다른 기질 때문에 고민스러울 때가 많았습니다. 신기하게도 4남매는 서로 매우 다른 특성을 가졌고, 심지어 모두 부모님들이 다루기 어려워하는 기질에 속해있었습니다. 물론 그 유형의 조합 속에서 어떤 요소는 약하게 나타나기도, 어떤 요소는 강하게 나타나기도 했습니다.

이 책을 읽을 여러분들의 이해를 돕기 위해, 제가 먼저 겪은 이 4가지의 기질·성격에 나름의 이름을 붙여 설명했습니다. 아이의 기질을 이해하고, 이를 토대로 더 나은 양육 방식을 고르는 것에 도움이 되길 바랍니다.

CHAPTER 02
기질에 관한 다양한 관점

우리 아이는 너무 산만하고 공부라면 질색하네요….
하루 종일 흐트러트린 물건을 치워주는 게 일이에요.

미리 보는 엄마표 마음처방전

부모님 대부분이 바라는 독서를 좋아하는 모습이나 빠른 언어 습득,
수학 문제를 푸는 것도 하나의 강점 지능이 두드러진 것입니다.
우리 아이에게서 발견되고 발현될 수 있는 영재성은 다양하고,
또 다양한 부분과 맥락에서 발현될 수 있다는 것을 잊지 마세요.

①

기질에 대한 오해

: 단정하는 순간, 문은 좁아집니다

앞에서 말한 것처럼 기질을 이해하는 것은 아이의 성장과 발달에 매우 중요하고, 또 도움이 됩니다. 하지만 기질을 찾는 행위에 파묻혀 아이의 부정적인 측면만 주목하거나, 기질의 본래 의미를 놓치기도 합니다. 여기서는 기질에 대해 오해하고 있는 5가지를 말씀드리겠습니다.

● 첫번째 오해, 기질은 변하지 않는 고정된 특성이다.

기질은 아이가 타고나는 성향이지만 고정된 것이 아닙니다. 환경이나 경험, 교육 등에 따라 변화하고 발달할 수 있는 '특성'입니다. 따라서 아이가 어떤 기질을 가지고 있더라도 부모나 교사의 지도에 따라 더 긍정적으로 발현될 수 있습니다.

● 두번째 오해, 부정적인 기질은 고치거나 없애야 한다.

아이의 기질 중 일부 부정적인 측면에만 집중하여 이를 고치거나 없애려고 할 때가 있습니다. 하지만 기질은 고치는 것이 아니라 이해하고 조화롭게 활용해야 할 특성입니다. 예를 들어, 고집이 센 아이는 주도성과

추진력을 가진 아이로 발전할 수 있는 것처럼요.

● **세번째 오해, 기질이 아이의 모든 행동을 결정한다.**

　기질은 아이의 성향을 설명하는 요소 중 하나일 뿐입니다. 기질 외에도 환경과 양육 방식, 친구 관계 등 다양한 요소들이 아이의 행동과 발달에 영향을 미치기 때문입니다. 기질만 가지고 아이의 모든 행동을 단정하는 것은 옳지 않습니다.

● **네번째 오해, 기질이 좋으면 항상 긍정적인 행동만 한다.**

　기질은 마치 동전처럼 긍정적인 측면과 부정적인 측면을 동시에 가지고 있습니다. 예를 들어 활동적인 아이는 새로운 경험을 쉽게 받아들이지만, 자칫 잘못하면 산만해지는 것처럼 말이죠. 기질이 좋다고 항상 긍정적인 결과가 나오는 것은 아니며, 기질의 양면성을 이해하는 것이 중요합니다.

● **다섯번째 오해, 모든 아이는 특정 기질 유형에 딱 맞아떨어진다.**

　아이는 단 하나의 기질 유형만으로 설명할 수 없습니다. 여러 기질적 특성이 복합적으로 나타나며, 특정 유형으로 단정하기 어려울 때가 많습니다. 기질 유형은 참고 사항일 뿐, 아이를 규정하는 기준으로 바라봐서는 안 됩니다.

　여기서 한가지 주의를 부탁드리고 싶은 것이 있습니다. '기질이 중요하다'나 '부모의 양육 태도가 영향을 미친다'라는 내용을 맹신하고 잘못 이해하지 않으셨으면 합니다. 이렇게 기질만 강조하면 마치 '면죄부'인 것처럼 기질을 사용할 수 있기 때문입니다. 아이가 친구들과 싸우거나 도덕적으로 어떤 문제를 만들었을 때, 기질로만 다가가면 어떻게 될까요? 아마도 이렇게 핑계를 댈 수 있을 겁니다.

"아, 그거 우리 아이 기질이 원래 그래요. 이해 부탁드려요."
"우리 아이가 태어날 때부터 좀 그런 성향이에요. 죄송해요."

아이의 기질이 중요한 건 맞지만, 부모의 역할이 뒷전이 될 수는 없습니다. 아이가 유아에서 초등학교에 들어갈 때, 그리고 다시 중학교에 들어가며 기질과 환경의 상호작용, 특히 부모님의 양육 태도에 따라 아이의 성격이 완성됩니다.

따라서 이 책을 읽는 부모님들이 자신의 아이로부터 발생한 도덕적 문제나 사건을 기질 때문이라고 설명하면, 아이 역시 자기 행동을 정당화할 때 쓸 수 있다는 것을 알아주셨으면 합니다.

②

아이의 또 다른 기질, 아들과 딸

: 생각, 행동, 호르몬, 뇌 구조. 끝없는 평행선

42세 겨울, 넷째 딸을 만나게 되었습니다. 늦둥이라서 더 귀하기도 했지만 10여 년간 삼 형제와 부대끼다 딸을 키운다는 기대감과 설렘이 정말 컸습니다. 주위에서 듣던 말들도 마찬가지였습니다.

"아들보다 딸 키우는 게 몇 배는 더 쉬울 거예요."
"딸은 큰 어려움 없었는데, 아들은 매일 티격태격,
큰소리치느라 죽겠어요."
"우리 아들은 애가 왜 그렇게 산만한지, 한시도 가만히 있질 않아요."
"아들이랑 딸은 말이 트이는 것부터 다르다니까요?"

실제로 엄마들이 바라보는 자녀의 문제는 무척 다양하고 많지만, 이번엔 아들과 딸 문제를 말하려 합니다. 시중에 무수히 많은 육아서 중에서도 인기를 끄는 주제가 있습니다. 바로 '아들 잘 키우기', '아들 육아 백서', '딸과 다른 아들 육아' 등입니다. 얼핏 보아도 딸보다 아들이 더 키우기 어려운 것만 같죠.

위에서 엄마들이 말한 대로, 아들을 키우다 딸을 키우니 정말 다르긴 달랐습니다. 일단 아들들보다 말이 더 빨리 트였습니다. 우리 딸은 12월생이라 또래보다 더 빠르게 어린이집에 들어갔습니다. 같은 반에는 1월에 태어난 아이도 있었으니 무려 11개월 차이가 난 셈입니다. 처음엔 모든 영역에서 늦된 건 맞았습니다. 28개월쯤 작성한 어린이집 관찰일지에는 대·소근육 발달, 언어발달, 사회성 발달 면에서 다른 아이들보다 늦었으니까요.

그런데 30개월이 넘자 언어발달이 과히 폭발적이라 할 정도로 말을 잘했습니다. 딸이 말하는 것을 보고 같은 아파트 단지에 사는 엄마가 개월 수가 훨씬 빠른 아들의 언어 능력을 걱정할 정도였습니다.

또 하나의 특징은 매우 민감한 것입니다. 아들들은 식사하라고 부르는 소리에 꿈쩍하지도 않는데, 딸내미는 방문이 닫힌 안방에서도 엄마 말을 듣고는 금세 나왔습니다. 아들 키우는 엄마들이 속 터진다며 딸과 비교하는 지점이기도 합니다.

그리고 딸아이가 아들들보다 자주 하는 말이 있습니다. 바로 "엄마, 괜찮아요?"라는 말입니다. 집안일을 하다 모서리에 긁히거나 다른 문제로 얼굴을 찡그리면 딸은 어김없이 심각한 표정으로 제 몸 이곳저곳을 살폈습니다. 반면 아들들은? 열에 아홉은 관심이 없다 못해, 벽에 문장을 붙여 놓고 말하는 습관을 들여야 겨우 입으로 뱉어내곤 합니다.

정말 아들과 딸은 다른 걸까요? 이 역사적으로 오래된 고민, 혹은 누구나 알고 있지만 인정하기 쉽지 않은 불편한 진실을 뇌 심리과학으로 확인할 수 있습니다.

결론을 먼저 말하면, 아들과 딸은 뇌 구조부터 다릅니다.

● **아이들의 성역할 인식**

아이들 스스로 자신이 여성, 또는 남성이라고 뚜렷하게 인식하는 시기는 만 6세~7세, 즉 초등학교 1, 2학년 정도입니다. 남녀의 뇌는 처음부터 다르지만, 이 시기에는 뇌가 발달하며 이런 모습이 더욱 두드러집니다. 남자아이는 더 남자 같은 행동을, 여자아이는 더 여자다운 행동을 하게 됩니다.

● **사람, 위치를 잘 기억하는 여자 vs 공간지각능력이 뛰어난 남자**

(아들) 엄마, 리코더 어디 있어?

(엄마) 응, 베란다 창고 서랍 쪽에 있어.

(아들) 봤는데, 없는데?

(엄마) 왼쪽 두 번째 서랍!

(딸) 오빠, 여기 있잖아. 못 본 거야?

(아들) 아, 몰라. 난 아무리 찾아도 안 보였어!

이른 아침, 등교 준비에 바쁜 아이들의 모습이 떠오를지도 모릅니다. 엄마도 출근해야 하니 바쁘고, 아들은 엄마 말을 도저히 못 알아들어서 정말 답답한 아침 풍경이죠? 하지만 아들은 못 본 게 아니라, 정말 안 보인 것일 수 있습니다.

위의 이야기에서 알 수 있듯 여자아이는 남자아이보다 사물의 위치를 잘 파악하고 기억합니다. 반면 남자아이는 도형을 머릿속에 그려내서 그 특징을 파악하는 것이 여자아이들보다 더 빠릅니다. 실제로 학교에서 아이들을 가르치다 보면, 확실히 중학년을 넘어설 때부터 남자아이들의 공간지각능력이 더 뛰어나다고 느낍니다. 다만, 무엇을 더 잘하는지 따지기보다 이런 부분에서 약간 차이가 있다는 것을 알아주셨으면 합니다.

● 공감하는 딸 vs 체계적인 아들

보통 여자아이들은 상대방이 다쳤다고 하면 금세 그 아픔에 공감합니다. 반면 남자아이들은 같이 놀던 아이가 다쳐도 무덤덤할 때가 있죠. 만약 엄마나 아빠가 다친 상황이라고 생각하면 딸아이의 엄마는 뿌듯해하고, 남자아이의 엄마는 속상하고 서운할지도 모릅니다. 하지만 오해는 금물입니다. 이 모든 것은 아이의 성격 문제가 아니라, 우리 아이의 뇌와 관련되어 있습니다.

● 한꺼번에 여러 가지 일을 해내는 여자 vs 한 가지 일에 집중하는 남자

수업 중 선생님 말에 잘 호응하는 아이들은 보통 여학생입니다. 그리고 조별 과제에서 여러 명이 한꺼번에 의견을 이야기해도 정확하게 파악하고 정리하곤 합니다. 선생님으로선 손을 덜 타는 좋은 학생이지만, 이런 잘 듣는 능력이 때론 학습에 방해될 때가 있습니다. 수업을 듣고 싶어도 주변 친구의 대화나 창문 밖 체육 시간 구령 소리가 들리는 것이죠.

그래서 "조용히 좀 해!"라고 외칠 때도 있고, 주변이 조용하지 않으면 집중하기 힘들어합니다.

남자아이는 정반대입니다. 식사하라고 불러도, 숙제부터 하라고 말해도 들은 척도 하지 않죠. 하지만 보통 그때는 다른 것에 집중하고 있었을 가능성이 높습니다. 그것이 게임이든, 공부든, 통화든 말이죠. 그래서 아들에게 해야 할 말이나 시킬 일이 있으면 눈을 마주하며 차근차근 말해 줘야 합니다. 단점으로 보기보다는 집중과 몰입이라는 강점으로 만들 수 있으니, 너무 서운해하지 않았으면 합니다.

위의 사례들로 알 수 있듯 생김새는 같아도 아들과 딸의 뇌는 정말 다르게 작용합니다. 우리의 뇌는 우뇌와 좌뇌로 나누어져 있고 남자는 우뇌, 여자는 좌뇌가 더 발달했습니다. 우뇌는 신체의 왼쪽, 창조성, 예술, 시각, 직관, 아이디어, 상상력, 공간지각을 관장합니다. 반대로 좌뇌는 신체의 오른쪽, 말, 사실, 연역, 분석, 실용적, 직선적, 세밀한 관찰을 다룹니다.

그리고 남자는 우뇌와 좌뇌를 따로따로 사용하지만, 여자는 양쪽 뇌를 함께 사용하는 경향이 강합니다. 그래서 딸은 공감하거나 말을 할 때 어느 정도 감정의 영향을 받지만, 따로따로 뇌가 작동하는 아들은 감정은 배제한 채 좀 더 체계적으로 일을 처리하게 됩니다.

이런 상반된 작용은 아이들의 기질과도 연결됩니다. 아들이나 딸이 같은 유형과 기질이더라도, 아이들의 뇌는 논리구조부터 대화를 받아들이는 반응까지 폭넓게 영향을 미치기 때문입니다. 따라서 이런 부분도

분명히 고려해야 합니다. 또 아들과 딸에게 맞는 최적의 공부 대화법도 다릅니다. 뒤에서 자세히 다루겠지만, 아들과 딸에게 맞는 학습법을 간단하게 정리하면 다음과 같습니다.

아들	딸
• 말문 트기를 강요하지 않는다. • 움직이는 사물 위주로, 활동 위주로 그림책 대화를 이어간다. • 호기심을 자극하는 환경을 만들고 질문한다. • 할 일을 적어주고 눈을 보고 말한다. • 한글 떼기를 무리하게 하지 않는다. 취학 직전에 해도 충분하다. • 짧고 간단하게 혼내고 바로 타임아웃을 활용한다. • 아이가 잘하는 것을 구체적으로 칭찬한 뒤, 규칙을 이야기한다.	• 부드럽고 예쁜 목소리로 말하는 것에 신경을 쓴다. • 감정이입을 하는 그림책 읽고 대화하기가 적당하다. • 들으면서, 입으로 되뇌면서 학습을 이어간다. • 한글에 관심이 있다면 가르쳐도 좋다. • 다양한 색감을 접하는 환경이 필요하다. • 엄하게 혼내되 감정에 호소한다. • 아이가 스스로 해결할 때까지 기다린다.

③

나는 어떤 부모일까?

: 부모의 태도도 중요합니다

저는 대학에서 유아, 초등교육을 복수전공했습니다. 4년 동안 두 전공을 배우며, 가장 인상 깊은 과목은 바로 '아동 발달심리'였죠. 이름만 보면 아이의 발달과 성장, 심리만 다룰 것 같지만, 사실 부모의 양육 태도와 기질을 깊게 공부했습니다.

그러면 부모의 양육 태도는 왜 중요할까요? 그 이유는 간단합니다. '나를 알고 적을 알면 백전백승'이라는 말처럼, 우리 아이의 기질과 성격, 강점 등을 알았다면 그것에 반응한 부모의 양육 태도까지 알아야 온전한 성장 과정을 살펴볼 수 있기 때문입니다.

우리는 어떤 부모였을까요? 미국의 임상심리학자인 다이애나 바움린드Diana Baumrind는 애정과 통제의 강도에 따라 부모의 유형을 4가지로 나누었습니다.

먼저 '애정'은 아이에게 자주 웃어 주고 칭찬하는 모습을 보이는 것입니다. 그리고 '통제'란 아이에게 적절한 행동을 요구하며, 한계를 설정하는 것입니다. 여러분이 보여주시는 애정과 통제의 강도에 따라 허용적 유형, 권위적 유형, 방임적 유형, 독재적 유형으로 나눠집니다.

※ 애정-통제의 사분면

↑ 애정

→ 통제

허용적 유형
- 애정적, 반응적, 통제 없는 훈육
- 아이가 자신감이 높음
- 규율을 무시하고 제멋대로인 성격으로 자랄 수 있음

권위적 유형
- 애정적, 반응적, 일관적 논리적 훈육
- 아이의 책임감, 사회성, 자신감이 높음

방임적 유형
- 애정이 없음, 엄격하지 않음, 무관심함
- 아이의 독립심 없음, 의존적 성향
- 아이가 자기통제력 부족

독재적 유형
- 엄격한 통제와 규율, 설명 없이 무조건적 체벌
- 아이의 사회성 부족, 의존적/반항적 성격
- 인간관계에 어려움을 겪는 아이로 성장할 수 있음

● 권위적 유형 : 애정과 통제가 모두 높은 경우

부모의 특징

- 체벌을 사용하지 않는다.
- 애정적이며 자녀의 발달 수준에 맞는 행동을 요구한다.
- 자녀와 개방적으로 대화하고 자녀의 의견에 따라 부모의 행동을 바꾸기도 한다.

자녀의 특징

- 자율적이며 자신에 대해 만족한다.
- 자기 통제를 할 수 있다.
- 호기심이 많고 배우려는 의지가 강하다.

권위적 유형은 아이를 사랑하는 만큼 아이의 감정도 매우 중요하게 생각합니다. 이런 존중 속에서 항상 대화하고 논리적으로 훈육하려는 일관적인 태도를 보여줍니다. 또 아이를 자유롭게 풀어 주는 것 같지만, 한편으론 지켜야 하는 기준에 대해서는 엄격하고 단호합니다.

이런 부모 아래서 자란 아이들은 어떨까요? 애착 관계가 단단하게 형성되어, 엄마 아빠가 나를 믿고 사랑한다는 굳은 신념을 가지고 있습니다. 그래서 감정적으로 무척 풍부하고 표현이 다양한 편입니다. 또 대화를 통해 독립성과 주체성을 키울 수 있어 무척 창의적으로 성장합니다.

● 독재적 유형 : 애정이 부족하고, 통제만 하는 경우

부모의 특징

- 종종 체벌을 사용한다.
- 자녀에게 애정 표현을 잘 하지 않는다.
- 자녀와 대화하는 것을 좋아하지 않는다.

자녀의 특징

- 또래에 비해 불안하다.
- 전반적으로 수동적이고 공격적이다.
- 의사소통 기술과 독립심이 부족하다.

독재적 유형의 부모는 아이의 감정에 대해 소홀합니다. 아이의 마음을 끝까지 몰아가며 심하게 훈육하거나, 아이가 조금만 반항해도 몇 배는 심한 체벌이나 억압적인 말투를 사용해 아이를 억누릅니다. 아이의 감정을 무시하고 엄마 아빠의 독단으로 모든 것을 처리합니다.

이 경우 아이들은 감정을 표출할 기회도 없어 무력해집니다. 명령대로는 움직이지만, 속에는 울화가 쌓이게 됩니다. 사회성이 부족하고 스스로 결단을 내리기 어려워하며 의존적인 모습을 보입니다. 결과적으로 대인관계에 서툴고 감정 통제나 표현이 버거운 사람으로 성장할 가능성이 큽니다.

● 허용적 유형 : 애정이 높지만 통제 강도는 낮은 경우

부모의 특징
- 수용적이고 느슨한 태도를 보인다.
- 자녀 행동에 대한 규칙이나 제한이 없고 통제하지 않는다.
- 매우 애정적이고 과잉보호한다.

자녀의 특징
- 사회적 경험의 기회가 적다.
- 자아 통제나 자율성, 독립심, 자아존중감이 낮다.
- 타인에게 친절하지 않고, 배우려는 의지도 부족하다.

이 유형의 부모는 애정만 표현할 뿐, 방임에 가깝도록 아이에게 모든 것을 맡깁니다. 아이가 제멋대로 행동해도 방치하는 부모가 이 유형에 해당합니다. 자연스럽게 아이는 모든 감정을 쏟아내는 것에 익숙해집니다. 이런 아이들에게 필요한 것은 적당한 기준을 제시하고 행동이나 감정을 어떻게 표출해야 하는지 알려주는 것입니다.

만약 그렇지 못하면 분노나 슬픔, 두려움처럼 감정이 격앙할 때, 문제를 만났을 때 어떤 태도로 대처할지 몰라 당황하며 자신의 감정에만 몰두하게 됩니다. 유치원이나 초등학교에서 또래 관계가 무너지고, 다른 아이에게 공감할 줄도 몰라 쉽게 배척당할 수 있습니다.

● 방임적 유형 : 애정과 통제 모두 낮은 경우

부모의 특징

- 자녀 양육에 최소한으로만 관여하려고 한다.
- 자녀와의 의사소통이나 상호작용을 거의 하지 않는다.
- 자녀의 행동에 요구나 통제를 거의 하지 않는다.

자녀의 특징

- 정서적으로 고립되어 있거나 불안정하다.
- 자아존중감이 낮다.
- 무기력하고 좌절, 우울, 분노를 경험한다.

단어 그대로 아이를 방임하고 아이에게 관심도 두지 않는 경우입니다. 애정도 없고 관심도 없으니 애써 훈육하려 들지도 않지요. 이런 부모 유형에서 자란 아이들은 자신을 통제하지 못하고 독립심도 매우 낮습니다. 부모의 관심을 끌기 위해서 언제나 감정을 크게 드러내거나 반대로 극단적으로 감정을 감춰야 했기 때문입니다. 문제행동이 잦은 아이로 자라날 가능성이 무척 큽니다.

자녀의 유형을 딱 잘라 말하기 어려운 것처럼, 부모의 유형도 위의 4가지만 있지 않습니다. 또 양육을 애정과 통제만으로 설명할 수도 없습니다. 앞에서 계속 말한 것처럼, 아이의 성격과 발달은 타고난 기질과 함께 부모와 상호작용하며 꾸준히 바뀌기 때문입니다. 하지만 이 유형들을 통해 아이에게 긍정적인 양육 태도가 어떤 것인지는 알 수 있습니다. 나의 양육 태도를 돌아보고 아이와 원만한 관계를 형성하시길 바랍니다.

IQ보다 중요한 아이의 진짜 지능

: 강점 지능으로 만드는 우리 아이 영재 프로젝트

(엄마) 준아, 숙제했니?

(아들) 엄마! 이건 아이언맨인데 로켓이랑 100연발 총도 쏠 수 있어요.

　　　　두두두두! 소방 로봇으로 변신!

(엄마) 어어, 그렇구나…. 이제 방을 좀 치우고 숙제도 마쳐야 하지 않니?

(아들) 이제 다 됐어요. 정말 조금만 하면 된다니까요?

(엄마) 어휴!

　좀 전까지 뚱땅거리며 피아노 앞에 한참 앉아 있더니, 어딘가로 휘리릭 사라집니다. 아이 방문을 열고 들어갈 때마다 책상 위부터 방바닥, 침대 위까지 흩어져 있는 드라이버, 나사, 각종 잡동사니를 보고 깜짝 놀랍니다. 하지만 아이는 엄마의 놀란 반응은 아랑곳하지 않고, 하고 있던 로봇 블록 조립에 열중합니다. 아직 못 푼 문제가 한가득한데 말이죠.

　위의 대화와 이야기는 우리 집 첫째와 초등학교 1학년 때 실랑이한 실제 사례입니다. 긴 대화는 줄이고 좀 더 부드럽게 표현했지만, 원본은 엄마의 걱정과 잔소리가 잔뜩 묻어 있습니다. 이런 일은 여러 차례 반복되었고 그때마다 엄마로서 느끼는 감상은 단 하나였습니다.

'우리 아이는 공부나 정리에 관심이 없네…. 대체 쟤는 뭘 잘하지?
피아노 연주? 로봇 만들기? 컴퓨터로 뚝딱뚝딱 영상 만드는 것?'

결론부터 말하자면, 우리 집 아이는 학교 공부에 크게 관심이 없었습니다. 특히, 학교와 학원에서 중점을 두는 수학과 국어에는 더더욱 그랬죠. 그래서 앞으로 어떻게 가르쳐야 할지 고민이 많았습니다. 그런데 아이러니하게도 첫째는 중학교 때 영재교육원에 합격했습니다. 그것도 1학년 때에는 지역교육청 발명 영재교육원을, 2학년에 올라가선 서울대 과학영재교육원 수리 정보 심화 과정에 합격해 1년 동안 프로젝트에 참여하여 무사히 이수했습니다. 물론, 이런 의구심도 뒤따를 수 있습니다.

'그래서요? 그 집 아이는 원래 영재로 타고난 것 아닌가요?'

우리는 이렇게 '영재'라고 하면 타고나야 한다고 생각합니다. 하지만 이런 선입견과 다르게 학술 쪽에서 바라보는 영재의 개념은 조금 다릅니다. 실제로 영재교육에 관한 이론과 실제 커리큘럼을 다루는 학자들은 "영재는 절대적인 기준에 따라 평가하거나 선발할 수 없다."라고 말할 정도니까요. 물론, 높은 지능지수를 가진 집단에서 영재가 많이 등장합니다. 하지만 정말 중요한 것은 타고난 머리나 환경이 아니라, 이른 나이에 빠르게 찾아서 올바른 교육을 받게 하는 것입니다.

조금만 더 권위자의 말을 들어볼까요? 미국 코네티컷 대학의 조셉 렌
줄리Joseph Renzulli 교수가 내린 영재의 정의가 좋을 것 같습니다. 미국 국립
영재교육 연구소장이기도 한 그는 영재라면 '평균 이상의 능력', '창의성',
'과제집착력'을 보여준다고 말했습니다. 지능지수가 너무 높을 필요가
없는 것이죠. 구체적으로 지능검사에서 IQ가 115 이상이면 충분히 영재
교육의 대상이 될 수 있다고 말했습니다.

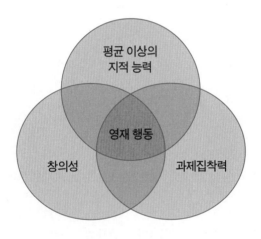

✂ 렌줄리의 영재성 세 고리 모형 이론

일반능력	특수능력	창의성	과제집착력

· 추상적 사고
· 경험의 통합
· 정보처리 기능
	· 특정 영역의 지식을
	  습득할 수 있는 능력
	· 특정 활동을 수행할
	  수 있는 능력
	· 특수 영역의 문제를
	  해결할 수 있는 능력
		· 유창성
		· 유연성
		· 독창성
		· 위험 감수
		· 경험에 대한 개방성
			· 인내
			· 근면
			· 자신감
			· 집중
			· 직관적 태도

전문 지식을 바탕으로 검사하거나 알 수 있는 특수능력은 몰라도, 나머지 세 분야의 특징은 우리가 빠르게 알아챌 수 있습니다. 항상 아이 근처에서 최우선으로 생각하는 부모니까요. 저는 아이가 장난감과 영상을 만드는 것을 관찰하면서 영재성 요소 중 세 가지가 눈에 띄었습니다. 바로 '강한 호기심, 창의적 사고력, 예민한 감성'입니다.

하지만, 위의 기준만으론 우리 아이를 다 들여다보지 못했습니다. 지능이 높은 것도 아니고, 위에서 언급한 다양한 요소를 갖추지 못했기 때문입니다. 분명 뭔가가 있긴 한데 그 무언가를 찾지 못해 고민하는 나날이 이어졌습니다. 그때, 정말 신기하게도 EBS에서 2008년에 방영한 〈아이의 사생활〉이라는 프로그램을 만났습니다. 영상 속에는 대학 때 공부했던 '다중지능' 개념이 있었고, 잊고 있던 자세한 내용이 떠오르자 '유레카!'라고 외칠 뻔했습니다. 그 이론이 주장하는 '강점 지능'에 우리 아이를 대입해 보니, 그제야 내 아이를 오롯이 이해할 수 있었으니까요.

이 다중지능이론은 하버드 대학의 교육심리학과 교수이자 보스턴 의과대학 신경학과 교수인 하워드 가드너[Howard Gardner] 교수가 만든 것으로, 인간의 지능은 서로 독립적인 다양한 종류의 지능이 상호협력한 결과라고 설명하는 이론입니다.

가드너가 이 다중지능이론을 말하기 전까진 프랑스의 심리학자이자 의사, 알프레드 비네[Alfred Binet]의 주장이 지능의 성서처럼 여겨졌습니다. 사실 그럴 수밖에 없는 것이, 비네는 IQ 검사 방법의 기초를 세운 사람이었으니까요. 그는 우리 머릿속에 한 대의 지능 컴퓨터가 있다고 생각했습니다. 그래서 하나를 잘하는 사람은 모두 잘하고, 하나를 못 하면 아무

것도 못 한다고 여겼습니다.

가드너는 여기에 반기를 들었습니다. 비네의 주장대로라면 운동을 잘하는 사람은 수학이나 과학도 잘해야 하지만, 실제로는 그렇지 않았으니까요. 그는 답을 찾기 위해 다각도에서 연구했고, 그 결론은 '우리 머릿속에는 여러 대의 컴퓨터가 있고, 각각 다른 것을 처리한다.'라는 내용이었습니다. 그리고 그 컴퓨터들을 '개별지능'이라 부르기로 했습니다.

✖ 가드너의 아홉 가지 개별지능

종류	특징	어울리는 직업
언어 지능	모국어나 외국어, 글을 능숙하게 다루는 능력	언어학자, 소설가, 작사가 등등
논리수학 지능	논리적 문제나 수학, 과학 문제를 푸는 능력	수학자, 회계사, 컴퓨터 프로그래머 등등
공간 지능	넓거나 좁은 공간을 능숙하게 인식하고 머릿속에 그려내는 능력	파일럿, 항해사, 조각가 등등
인간친화 지능	사람들의 감정과 행동을 잘 이해하고 능숙하게 교류하는 능력	사업가, 교육자, 상담사 등등
자기성찰 지능	자기가 어떻게 일하고 무엇을 좋아하는지, 발전과 변화를 위해 스스로 무엇을 해야 하는지 아는 능력	작가, 종교인, 예술가, 정신분석가 등등
음악 지능	리듬이나 소리에 민감해 악기 연주나 작곡 등을 즐길 수 있는 능력	가수, 지휘자, 연주가 등등
신체운동 지능	자기 몸을 통제하고 운동, 균형, 민첩성 등을 조절해 사물을 다루는 능력	운동선수, 댄서, 모델 등등
자연친화 지능	동식물 등 자연을 이해하고 자신만의 기준으로 분류하는 능력	생물학자, 조련사, 수의사 등등
실존 지능	커다란 질문을 숙고하는 능력	철학자, 종교인 등등

우리 아이들은 이런 개별지능을 한 가지만 가지고 있지 않습니다. 최소한 2가지~3가지의 재능이 함께 발현되고, 그 조합과 정도의 차이만 있을 뿐입니다. 김연아 선수와 손흥민 선수를 생각해보세요. 누가 보더라도 두 선수는 모두 신체운동 지능이 높은 운동선수입니다. 여기에 더해 김연아 선수는 자기성찰 지능과 음악 지능, 공간 지능이 높아 피겨스케이팅에서 세계 최고가 되었고, 손흥민 선수는 자기성찰 지능과, 공간 지능, 인간친화 지능의 조합으로 훌륭한 축구선수로 성장했습니다.

제가 강조하고 싶은 것은, 특정 지능의 한 영역이 높다고 그것이 영재성을 대표하는 것이 아니라는 것입니다. 우리 아이에게서 찾거나 나타날 수 있는 영재성은 다양하고, 그 조합에 따라서 수많은 길이 놓여 있습니다.

여기까지 읽어 보셨다면, 우리 엄마들이 아이들을 보며 무엇을 파악해야 하는지 짐작하셨을 겁니다. 우리 아이의 강점은 무엇인지, 함께 조합하여 키워나갈 지능들은 무엇인지, 어떤 환경을 만들어 주고 아이들과 대화할지 말입니다.

바쁜 엄마를 위한 선생님의 tip : 아이의 강점 지능을 확인할 온라인 사이트 모음

오감을 이용해 관찰했지만, 결과가 모호한 부모님께 권하는 유료·무료 검사 장소입니다. 하지만 무조건 표준화 검사에 의존하는 것은 추천하지 않습니다. 가장 중요한 것은 부모의 오감 관찰입니다. 스스로 강점과 영재성을 발견하고 키워주세요.

무료 검사

주니어커리어넷
직업 적성검사

워크넷 심리검사
초/중/고/청소년/성인 각종 심리검사

다중지능 검사

EBS 진단코칭
학습유형검사, 진로탐색 검사 등

유료 검사

직업체험장
다중지능검사 및 성격,
진로 직업 검사

한국 가이던스
각종 표준화 검사

좋은 관찰은 삶의 무기가 된다

: 아이를 위한 엄마표 오감 강점 지능 검사

(딸) 곰 세 마리가 한집에 있어. 아빠 곰, 엄마 곰, 애기 곰~

(엄마) 지안아, 방금 그거 네가 부른 거야?

(딸) 응! 어제 호숫가 산책하러 갈 때 차에서 들려줬잖아요.

(엄마) '한 번 들려준 건데, 음정과 가사를 기억해서 노래한다고?'

여섯 살인 넷째 아이의 어느 날 아침 풍경입니다. 아침부터 기운 넘치는 아이 때문에 힘들었지만, 대답을 듣는 순간 놀라서 잠이 달아났습니다. 이런 일이 처음이었다면 넘어갔을 일도, 곰곰이 생각하니 아이가 음악이나 언어지능 쪽에 강점이 있지 않을까 생각할 수 있었으니까요.

우리는 아이들과 일상을 함께합니다. 그리고 주말이면 아이들과 박물관, 문화예술 체험이나 나들이를 가고, 1년에 한두 번 낯선 장소로 떠나서 색다른 모습을 보기도 하죠. 우리 아이의 강점 지능, 영재성을 발견하는 가장 훌륭한 도구는 바로 일상의 다양한 맥락에서 아이를 관찰하는 부모의 오감입니다.

특히, 박물관이나 문화예술 체험에 함께하면 아이가 무엇에 집중하며 탐구하는지 잘 알 수 있습니다. 하지만 똑같은 자극과 똑같은 장소를 제공해선 안 됩니다. 아이의 강점을 확인할 수 없는 무의미한 반복이니까요. 새로운 곳에서 무엇에 관심을 보이고 다시 찾는지, 새로운 것을 시도했을 때 그 경험이 집에서 어떤 말과 행동으로 이어지는지 확인해야 합니다. 가장 가까운 관찰자인 부모의 오감을 믿고, 활용해 봅시다!

좀 더 편하게 이해하실 수 있도록 각각 다른 기질과 행동, 강점 지능을 가진 세 아이의 예시를 준비했습니다. 내 아이와 닮은 친구가 있는지, 혹시라도 없다면 어떤 면을 보고 강점 지능을 찾는지 확인하길 바랍니다.

● 태민, 10살 남자아이

<엄마의 관찰>
- 평소 축구를 즐겨 하는데, 축구 클럽 코치님께서 태민이는 축구 선수반을 하면 좋겠다고 귀띔해 왔습니다. 신체 탄력성과 근력이 다른 아이들에 비해 월등하다는 말도 들었습니다.
- 가족들과 가까운 곳으로 나들이를 자주 갑니다. 아빠는 내비게이션을 켜놓고도 길을 헤매곤 하는데, 태민이는 기가 막히게 도로 방향, 주변 건물들을 찾아내며 길 안내를 잘합니다.
- 학교뿐만 아니라 방과 후에도 어울리는 친구들이 많습니다. 집에 있는 날이면 여기저기서 친구들이 연락해 옵니다. 학교 담임선생님께서도 교우 관계가 원만하다며 칭찬해주셨습니다.

- 하지만 내가 바라보는 우리 아이는 산만하고 어수선합니다. 거기다 수학 문제 풀이는 얼마나 더딘지 모릅니다. 다른 건 몰라도 수학은 잘했으면 싶어서 학원에 보내봤는데, 스트레스를 받고 짜증이 늘었습니다.

<선생님의 심화 분석>
- 태민이는 신체운동, 공간, 인간친화 지능이 높은 아이입니다. 반면 논리수학, 언어 지능은 그에 비해 조금 낮다고 볼 수 있습니다.

그렇다면, 태민이의 장래를 축구선수로 확정하고 아이를 키우면 될까요? 그 부분은 다른 아이들의 예시까지 살펴보고, 다시 알아봅시다.

● **서현, 10살 여자아이**

<엄마의 관찰>
- 엄마가 요리할 때 곧잘 따라 만듭니다. 심지어 가족들과 어떤 식당에서 먹어본 음식이 맛있다며 맛도 모양도 비슷하게 만들어 냈습니다.
- 다른 아이들보다 시간관념이 철저한 편입니다. 부모님이 따로 이야기하지 않아도 전날부터 학교 준비물을 준비해 둡니다. 아침에 깨우지 않아도 일어나서 씻고, 아침밥 먹고 나설 준비를 합니다.
- 자기가 만든 요리를 어떻게 만들었는지 수첩에 글로 잘 정리해 두었습니다. 레시피 책을 보는 것처럼 꼼꼼합니다.
- 친구들에게 먼저 다가가는 경우가 없습니다. 친구들이 다가와서 이야기를

건네면 조금 대답해 주는 정도로 말이 적습니다. 운동을 열심히 따라 하지만, 소근육에 비해 대근육이 발달하지 않아 자신감이 부족합니다.

<선생님의 심화 분석>

- 서현이는 신체운동 지능 중에서도 소근육 쪽의 세심함, 언어, 자기성찰 지능에 강점이 있습니다. 대신 대근육 운동 지능과 인간친화 지능이 낮게 나타납니다.

● **현준, 10살 남자아이**

<엄마의 관찰>

- 현준이는 친구들의 추천을 받아 매년 학급회장을 해오고 있습니다. 하지만 친구가 부르면 자다가도 뛰어나가는 현준이가 걱정됩니다.
- 수학이나 과학 문제를 빠르게 풀어냅니다. 어려운 문제도 곧잘 풉니다. 선생님께 정확성보다 많은 문제를 빨리 풀어내는 능력이 특출나다는 평가를 받았습니다.
- 덩치는 작고 말랐는데, 기초체력이 좋아서 체육 시간에 활약합니다. 승부욕까지 있어서 자기 팀을 승리로 이끄는 데에 적극적입니다. 친구들이 같은 팀을 하고 싶어 합니다.
- 말을 잘 더듬습니다. 말 몇 마디 하지도 않았는데 친구들의 인기에 힘입어 회장에 당선되었습니다. 자신이 말한 것을 글로 써보라고 하면 잘 써내지 못합니다.

- 현준이 방에 들어가면 여기저기 흩어져 있는 옷가지와 잡동사니를 치우느라 화가 머리끝까지 납니다. 여러 번 잔소리해야 겨우 일어나 할 일을 합니다.

<선생님의 심화 분석>
- 현준이는 인간친화, 논리수학, 대근육 지능이 높은 경우입니다. 반면 언어와 자기성찰 지능이 낮아 보입니다.

　잘 보셨나요? 하지만 아이를 이해할 때 다중지능이론이 도움이 되는 경우는 아이가 특별히 뭔가를 잘하거나 못할 때나 그런 아이에게 어떤 식으로든 도움을 주고 싶을 때, 아이가 어떤 지능을 가지고 있고 개발할 수 있을지 알아보기 좋은 때입니다.

바쁜 엄마를 위한 선생님의 tip

- 아이들이 어릴 때는 지능 프로파일이 수시로 변합니다. 단순히 몇 번 보여준 행동을 두고 강점 지능인지, 아닌지 판단하는 오류를 범해선 안 됩니다.
- 아이들이 흥미를 느끼더라도 연습할 기회가 없다면 소용이 없습니다. 강점 지능을 발전할 기회도 없어지기 때문입니다.
- 아이들의 강점 지능은 기회와 동기가 상호작용합니다. 부모가 어떤 도움을 주는지에 따라 특정 활동을 배울 때 발판이 될 비계를 세울 수 있습니다.

이번 생에 부모는 처음이라

: 나도 몰랐던 부모로서의 나! 셀프 체크리스트

양육 태도는 다양한 업체에서 제공하는 표준화 검사지가 있으나, 여기서는 서울시 상담지원센터에서 무료로 제공하는 몇 가지 질문 체크리스트를 정리하여 보았습니다. 아주 짧은 시간에 간편하게 할 수 있으니 참고하면 좋겠습니다.

▶ 나는 어떤 부모에 해당될까요? ◀

☑ **아이가 자신의 나이보다 높은 시청 등급의 텔레비전 프로그램을 보겠다고 떼를 쓴다면?**
  a. 시청하도록 내버려 둔다.
  b. 텔레비전을 끄거나 채널을 다른 프로그램으로 돌린다.
  c. 아이에게 적합한지 직접 시청한 다음 보게 할 것인지를 결정한다.

☑ **아이가 옷장 서랍을 뒤져서 온 방안에 헤쳐놓았다면?**
  a. 아이니까 그러려니 하고 손수 치운다.
  b. 화를 내며 지금 당장 치우라고 소리친다.
  c.화를 내지는 않고 아이에게 치우게 하고, 다 치울 때까지 다른 일을 못하게 한다.

☑ **아이가 당신이 아끼는 꽃병을 깨놓고선 옆집 친구가 그랬다고 거짓말을 했다면?**
  a. 아깝지만 괜찮다고 이야기한다.
  b. 깨뜨린 것과 거짓말한 것 모두 야단을 치거나 벌을 준다.
  c. 거짓말한 것에 대해 야단을 치고, 만일 솔직히 얘기했더라면 꽃병을 깬 것에 대해 혼내지 않았을 것이라고 말해 준다.

☑ **아이가 다른 친구를 때려서 상처를 냈다면?**
  a. 아이들 싸움이려니 하고 그냥 내버려 둔다.
  b. 화가 나서 야단치거나 때로는 체벌을 한다.
  c. 왜 싸웠는지에 대해 이야기를 나누되, 그래도 싸움은 나쁘다고 따끔히 꾸중한다.

☑ **아이가 학교에서 내준 숙제를 이번에도 잊고 안 해 간다면?**
  a. 선생님께 전화를 해 준다.
  b. 그 자리에서 혼을 내고 다시는 그러지 못하도록 다짐을 받는다.
  c. 더 이상 잊어버리지 않도록 타이르고 다음부터는 알림장을 꼭 확인하도록 도와준다.

☑ **당신도 기분이 언짢은데 아이가 당신의 관심을 받고자 보챈다면?**
  a. 언짢은 기분은 뒤로 하고 자녀에게 관심을 기울인다.
  b. 아이에게 짜증내며 "네 아빠(엄마)한테나 가 봐!" 하고 남편(아내)을 불러 떠넘긴다.
  c. 아이에게 당신의 기분이 언짢다는 것을 이야기해 주고, 좀 나아지면 함께 놀아 주겠다고 한다.

☑️ **가정에 자녀가 지켜야 할 규칙이 얼마나 많은가?**

    a. 없다.

    b. 많은 규칙이 있고, 규칙마다 이를 어겼을 시 받게 될 꾸중이나 벌이 정해져 있다.

    c. 아이의 건강과 안전을 위한 몇 가지의 규칙이 있긴 하나, 그밖에는 상황에 따라
       그때 그때 대화를 통해 결정한다.

☑️ **아이가 다른 어른의 말을 잘 따르지 않는다면?**

    a. 아직 어리니까 그러려니 하고 내버려 둔다.

    b. 화를 내며 어쨌든 어른의 말을 따르지 않는다는 건 나쁜 일이기에 야단친다.

    c. 어른에 대한 공경심과 그 어른의 말을 왜 따라야 하는지에 대해 이야기를 나눈다.

☑️ **아이와 함께 쇼핑 시 쓸모없어 보이는 물건을 이것저것 사 달라고 조른다면?**

    a. 가능한 한 다 들어준다.

    b. 화를 내면서 아이의 손목을 잡고 그 가게를 뜬다.

    c. "안 된다"고 딱 잘라 말하고, 쇼핑을 계속하면서 아이에게 적합한 것을 골라 사 준다.

☑️ **얼마나 자주 자녀에게 화를 내는가?**

    a. 거의 드물다.

    b. 매일같이.

    c. 일주일에 한 번 정도.

▶ 결과 판정 ◀

a를 가장 많이 선택한 경우
: 허용적 부모

허용적 부모는 아이를 감싸는 것을 최선이라 생각해 아이의 요구에 지나치게 맞추는 경향이 있습니다. 이러한 부모는 자녀와의 소통 방식에 어려움을 겪어 허용적인 태도를 보일 가능성이 높죠. 이제부터는 아이만 바라보는 '터널비전'(자기 아이에게만 집중하는 사고방식)에서 벗어나세요. 아이의 독립성이 부족해지고 부모에게 지나치게 의존할 수 있으니까요.

b를 가장 많이 선택한 경우
: 억압형 부모

억압적 부모는 자신의 성장 배경에서 영향을 받아 자녀를 엄격하게 통제하려고 합니다. 이런 환경에서 자란 아이는 우울해하고 의기소침해하거나, 난폭하게 일탈 행위를 할 가능성이 있습니다. 앞으로는 일관된 원칙 아래에서 아이가 잘못된 행동을 반성하도록 이끌어 주세요. 이때 "아빠(엄마)는 그것 때문에 지금 기분이 좋지 않아."처럼 '나 전달법(I-message)'을 이용하면 더 편하게 소통할 수 있습니다.

c를 가장 많이 선택한 경우
: 멘토형(권위형) 부모

멘토형(권위형) 부모는 자녀와의 공감과 소통을 통해 긍정적 관계를 유지합니다. 이러한 부모 아래서 자란 아이는 자율적이며 책임감이 강한 성향을 가지게 되죠. 그러나 멘토형 부모 역시 허용과 통제를 균형 있게 유지해야 합니다. 부모로서의 권위를 잊지 되, 자녀의 감정과 욕구를 존중하고 필요한 가르침을 알맞게 주는 것이 중요합니다.

출처: 서울시 상담지원센터, 부모양육태도체크리스트

PART 2
우리 아이에겐 '맞춤형 대화'가 필요합니다

여기서는 아이의 기질에 따라 빨강이, 파랑이, 노랑이, 보랑이라는 캐릭터가 등장
합니다.

O 유형 : 빨강이 - 고집이 세고 욱하지만 굳센 아이

A 유형 : 파랑이 - 산만하고 부산하지만 활동적인 아이

S 유형 : 노랑이 - 내향적이고 느리지만 꾸준한 아이

C 유형 : 보랑이 - 예민하고 겁이 많지만 조심스런 아이

CHAPTER 01

자그마한 폭군을 타고난 리더로

마트에 갔을 때 마음에 드는 장난감만 보면 집요하게 떼를 씁니다. 어떻게 해야 하나요?

미리 보는 엄마표 마음처방전

친절하면서 단호하게 말해야 합니다. 부모에게 이런 행동을 보인다면 친구들에게도 비슷하게 행동하니까요. 만약 인내력을 길러주고 싶으시면 무슨 일을 시작하거나 어디론가 출발할 때 약속과 목록을 정해주세요.

[시작하기 전에]

엄마는 모르는 빨강이의 학교생활

● **친구 사이에서 보스가 되려고 합니다**

유치원이나 초등학교 저학년 시절에는 자기 말을 잘 따르는 순종적인 아이를 친구로 사귑니다. 하지만 교우관계의 폭이 넓지는 않습니다. 아이들이 많아지면 자기 맘대로 하지 못하게 될 가능성이 크기 때문입니다. 어느 정도 감정적으로 적응이 가능할 만한 선에서 적은 수의 아이들과 친하게 지냅니다.

● **다툼이 생기면 먼저 강하게 반응합니다**

① 때로는 넘치는 에너지 때문에 싸우게 됩니다

(점프해서 교실 표지판을 건드리다 깨 먹은 빨강이)

(친구) 선생님~ 빨강이가 사고 쳤어요.

(빨강이) 일부러 그런 거 아니라고!

(선생님) 얘들아 무슨 일이니?

(빨강이) 일부러 그런 거 아닌데, 애들이 큰소리쳐요.

워낙 에너지가 많아서 높은 곳에 뭔가 달려 있거나 붙어 있으면 가만히 놔두질 않습니다. 무조건 건드려보려고 하죠. 그러다 물건이 떨어지거나 예상치 못한 일이 벌어지면 먼저 목소리를 높입니다. 자기 행동이나 생각이 타당한지는 중요하지 않습니다. 이 아이들은 자기 생각을 바꾸라고 강요당하는 것을 기질적으로 싫어하기 때문이죠.

② 지적받는 것을 싫어합니다

(청소 시간에 쓰레기를 차다가 친구에게 걸린 빨강이)
(친구) 야, 빨강아! 너 왜 친구 옆자리로 쓰레기를 밀어?
(빨강이) 내가 언제? 네가 봤어?
(친구) 응, 방금 그랬잖아.
(빨강이) 아, 진짜! 나 아니라고!

위와 비슷한 경우입니다. 이런 식으로 자기 행동을 친구가 지적하면 '빨강이'들은 어떻게 행동할까요? 갑자기 벽이나 땅을 치거나 답답해하며 가슴을 치곤 합니다. 또 소리를 지르며 화를 삭이곤 하죠. 유치원이나 초등학교 저학년이라면 감정이 복받칠 때 누군가를 깨물어서 해소하기도 합니다.

사실 감정적이고 고집 센 아이는 바깥에서 자기감정을 다 쏟아내지 않습니다. 학교나 학원, 놀이터 등에선 선생님과 친구들에게 잘 보이려고 자신의 감정과 고집을 누르니까요. 이렇게 꾹꾹 눌러놓은 감정 보따리를 집에서 터뜨리기도 합니다.

그래서 **빨강이** 부모님들은 아이의 감정적이고 공격적인 행동에 힘들어하고, 부모의 양육유형에 따라 똑같이 화내거나 체벌할 때도 있습니다. 하지만 다음부터 나올 대화법을 먼저 시도해주세요. 고집은 인내력으로, 에너지는 리더십으로 키울 수 있습니다.

①

짜증도 대화입니다

: 고집을 인내력으로 바꾸는 대화법

(빨강이) 아, 짜증 나.

(엄마) <u>무슨 일 있었어?</u> ①

(빨강이) 친구들이랑 축구 하다가 살짝 부딪쳤는데, 밀면서 가버리잖아요.

(엄마) <u>그래? 어디 다치진 않았어?</u> ②

(빨강이) 일부러 안 그랬는데! 근데 걔는 반칙했다고 소리 지르고!

       아, 진짜 짜증 나!

(엄마) <u>민석이랑 절친이잖아. 혹시 싸웠어?</u> ③

(빨강이) 화가 나니까 싸웠죠. 먼저 나를 밀었으니까요.

(엄마) <u>그랬어? 우리 빨강이가 많이 속상했겠다.</u> ④

    빨강이들만 짜증을 내지는 않습니다. 평소에는 얌전했던 아이도 사춘기가 오면 방문을 쾅 닫으며 강한 말과 행동으로 표현하니까요. 그러나 짜증은 빨강이들의 일상적인 표현이라 더 자주 보게 됩니다. 자기감정에 비교적 솔직한 편이어서 안으로 누르고 있는 경우가 적기 때문입니다.

    우리 집 둘째가 빨강이였지만, 저는 오히려 다행이라고 생각했습니다. 리더십으로 길러줄 수도 있고, 감정을 표현하지 않는 것보다 낫기 때문입니다. 물론, 빨강이는 짜증을 내는 경우가 많고, 친구나 대상에게 풀어내면 큰 다툼이나 사고로 번질 수 있습니다. 그래서 이 유형의 아이들이 학교폭력 사건에 자주 휘말리기도 하죠. 빨강이를 키울 때 더 많은 공감과 이해가 필요한 까닭입니다.

그러면, 빨강이와 어떻게 대화를 풀어가야 할까요? 위의 대화에서 부모는 다음과 같은 순서로 반응해 주었습니다.

① 겪은 사건에 관한 질문
② 아이 상태를 점검하는 질문
③ 사실의 재확인
④ 아이에 대한 공감 표현

부모들은 ①과 같은 상황에서 "왜 그래? 누가 그랬어?"라고 말할 때가 많습니다. 하지만 이런 표현은 아이에게 화나게 한 상대가 누군지 캐묻는 것밖에 되지 않습니다. 이런 말보다 일과 사건에 집중하여 질문해 주세요. ①의 질문은 곧 '엄마는 너에게 무슨 일이 있었는지 궁금하다'라는 의미인 것이죠.

사실, ④까지는 어느 유형의 아이에게나 통용되는 부모의 반응입니다. 여기까지만 말해줘도 웬만한 아이들은 짜증 났던 마음을 스스로 잠재우곤 합니다. 다음에는 어떻게 대화를 이어 나가야 할까요?

(엄마) 민석이도 너무했네. 민석이가 평소에도 그러니?

(빨강이) 아니요. 민석이랑 절친인 거 알잖아요. 평소엔 안 그래요, 걔.

(엄마) <u>빨강아! 친한 친구와 싸울 수 있어. 그런데 무조건 싸우면 안 돼.</u>
<u>아무리 화가 나도 왜 그런 행동을 했는지 물어봐 줘야지.</u>
<u>숨을 몰아쉬고, 속으로 '1, 2, 3' 숫자를 센 후, 마음을 가라앉히고</u>
<u>말하기! ⑤</u>

조금 진정되면 친구 편을 들기 시작합니다. 그때부턴 아이의 이해를 도와줘야 합니다. 아무리 감정형인 아이라도 가정과 학교, 사회에서 누구나 지켜야 할 기본적인 규칙이 있으니까요. ①~④까지는 아이의 감정 호소에 반응하고 인정해주는 공감의 대화였다면, ⑤는 가치를 전하는 대화로서 부모가 아이에게 앞으로 취해야 할 행동을 알려줘야 합니다.

만약 처음부터 부모가 가르치고 싶은 가치를 먼저 꺼냈다면 아이의 반응은 어땠을까요? 아이의 학교생활에서 본 것처럼 생각했던 것과 다르니 짜증을 내게 됩니다. "아! 엄마는 맨날 그래? 내가 일부러 그런 게 아니라고요!"라고 말하면서요. 오히려 아이의 잘못을 지적하는 모양새가 되고, 아이는 스스로를 보잘것없는 존재로 인식하고, 화난 감정에 공감해 주지 않는 부모에게 벽을 느껴 대화가 끊겨 버립니다.

아이와 이야기할 때는 공감의 말과 가치 전달의 말 비율을 8대2 정도로 균형을 맞추는 게 중요합니다. 이 비율은 빨강이뿐만 아니라 다른 유형에서도 적용할 수 있습니다. 단지 빨강이들이 감정을 호소하고, 화를 내는 일이 잦다 보니 이 비율을 적용하여 대화할 일이 많아질 뿐입니다.

만약 아이가 짜증이나 반항의 표현을 너무 자주 한다면 때로는 '침묵하기 전략'을 활용해야 합니다. 어떤 행동을 하더라도 때로는 못 본 척, 못 들은 척하는 것도 필요하니까요. 아이가 짜증 낼 때마다 알아차리고 대응해 줘야 한다면 부모가 먼저 지칠지도 모릅니다. 필요할 때는 제대로 이야기를 나누며 반응하여 주되, 때로는 '침묵하기'를 통해 스스로 짜증을 풀어낼 줄도 알아야 합니다. 그래야 부모가 감정 소모에 휘둘리지 않고 빨강이와의 일상을 단단하게 잘 살아낼 수 있습니다.

또 빨강이들은 떼쓰기의 달인이기도 합니다. 기질 특성상 한번 떼를 쓰면 집요할 정도죠. 이렇게 떼쓰는 아이가 아니라 인내력을 가진 자녀로 키우시려면, 무슨 일을 시작하거나 어디론가 출발할 때 먼저 약속과 목록을 정해야 합니다. '쇼핑하러 가는 이유는 이런 물건이 필요해서 가는 것이고, 자꾸 뭘 사달라고 떼쓰면 집으로 바로 올 것'이라고 약속한 후에 출발하는 것이죠.

다른 집에 놀러 갈 때도 마찬가지입니다. 빨강이들은 대장이 되고 싶은 아이라 다른 친구와 잘 놀다가도 장난감이나 놀이의 주도권을 잡기 위해 다툴 가능성이 큽니다. 만약 쇼핑이나 다른 친구 집에 놀러 갔을 때 약속과 다르게 계속 고집을 부리면, 다음과 같이 말하고 단호하게 집으로 돌아오세요.

"빨강아, 아직 쇼핑할 준비가 안 되었네? 집으로 가는 것이 좋겠다."
"빨강아, 아직 친구 집에서 놀 준비가 안 되었구나. 좀 더 준비하고 오자."

미리 약속했는데도 그 약속을 어기고 감정적으로, 혹은 자기 주도적으로만 행동한다면 단호하게 제지해야 합니다. 그 과정에서 화를 내지 말아야 하며, 또 화낼 이유도 없습니다. 화를 내면 빨강이에게 말려들어 같이 화를 낼 수 있기 때문입니다. 그냥 미소를 지으면서 부드럽게, 친절하게, 단호하게 말하고 그대로 행동으로 옮기면 됩니다.

아이 스스로 그리는 마음 지도

: 감정, 강점 일기로 자신과의 대화

초등학교 중학년에서 고학년으로 올라갈 때 아이의 감정 변화는 더 심해집니다. 특히, 형제들 사이의 다툼은 그야말로 극으로 치닫습니다. 어느 날은 초등학교 2학년인 셋째(이후 노랑이)가 눈물을 보이며 저에게 왔습니다. 5학년인 둘째 형(이후 빨강이)과 다투는 소리가 들려 싸움이 있었다는 건 어렴풋이 알고 있었죠.

> (노랑이) 엄마, 형아가 나한테 화내고 밀쳤어요. 저기서 넘어질 뻔했어요.
> (빨강이) 야! 내가 언제 그랬냐? 그냥 살짝 건드린 거지. 엄마한테
> 부풀려서 얘기하지 마!
> (노랑이) 무슨 거짓말? 형아가 분명 치고 갔잖아!
> (빨강이) 진짜 이게? 그러니까 왜 형을 건드려? 네가 치우면 되잖아?
> (엄마) 이제 진짜 그만하고 엄마 보자! ①

싸움이 끝나지 않자 단호하게 끊어내고 두 아이의 어깨에 손을 얹었습니다. 그리고 숨을 고를 시간을 주고 무슨 일이 있었는지 물어봤습니다.

노랑이가 거실에 있는 빨강이 형에게 물건을 치워달라고 했고, 빨강이는 동생이 명령하듯 말한 게 마음에 안 들었다는 것. 그리고 그냥 치워달라고 말한 건데 형이 화를 내며 밀쳤다는 노랑이의 말이 오갔습니다. 말이 끝나지도 않았는데 노랑이 눈망울은 다시 그렁그렁해졌죠.

> (엄마) 빨강아, 동생한테 말하는 말투를 보니 화가 많이 난 것 같네?
> 노랑이 너도 그렇고! ②
> (엄마) 빨강이 너는 동생이 네 물건 치우라고 했을 때 어떤 느낌이
> 들었어? ③
> (빨강이) 짜증 났어요. 내가 형인데, 노랑이가 나한테 명령하듯
> 말하니까요.
> (엄마) 그럼, 너는 아까 동생이 어떻게 해줬으면 좋았을까? ④
> (빨강이) 적어도 '형아, 나 거실 책상 치워야 하는데 형 물건은 어디에
> 두어야 해?'라고 말해야죠. 걔가 당번이니까요.
> (엄마) 빨강아, 네가 동생의 말에 화가 나고, 그래서 밀치기까지
> 했는지 그 마음은 알겠는데, 네 행동에 대해서는
> 어떻게 생각해? ⑤

앞의 '짜증도 대화입니다'에서 말한 8대2 대화 비율 법칙을 여기서도 쓸 수 있습니다. 다만 그때는 엄마와 아이 단둘이 말했지만, 지금은 동생과 다투고 있으니 약간 조정이 필요합니다. 위의 대화문 속 번호에 집중하면서 읽어주세요.

먼저 아이들의 말다툼이 있다면 바로 개입하지 않습니다. 감정이 격해진다면 ①처럼 단호하게 멈춰야 합니다. 그리고 두 아이와 번갈아 가며 눈을 맞추고, 어깨에 손을 얹어 진정시킵시다. ②에서는 아이들의 상태를 관찰하며 공감해줘야 합니다. ③은 공감을 이어가며 '어떤 느낌이 들었길래 화가 났는지' 물어본 것입니다. ④는 싸움이 일어날 상황에서 아이의 욕구가 무엇인지 물어보는 질문으로 공감 대화의 일종입니다. 그렇다면, ⑤는 어떤 표현일까요? 여러분의 생각처럼 부모가 생각하는 올바른 가치를 전달하고, 행동의 변화를 불러오기 위한 대화입니다.

이렇게 이번 다툼은 대화로 잘 마무리 지었습니다! 하지만 안타깝게도 상황과 장소만 변할 뿐 비슷한 다툼이 이어집니다. 아이들의 기질은 쉽게 바뀌지 않으니까요. 그렇다고 매번 부모가 개입해서 대화만으로 갈등을 해소하기는 쉽지 않습니다. 이때 아이에게 필요한 것은 스스로 마음의 지도$^{mind-set}$를 바꾸도록 시간을 주는 것입니다. 그리고 감정 일기와 강점 일기를 이용하면 우리 빨강이가 빠르게 변화에 적응하고 자기 행동을 바꿀 수 있습니다.

"빨강아, 엄마도 화날 때는 일기를 쓴단다.
쓰기 힘들 때는 핸드폰에 녹음하기도 해."
"먼저 네가 어떨 때 화나 짜증이 나는지 다 적어 봐.
그리고 어떻게 그 화를 다스릴 수 있을지 스스로 생각해보고.
그러다 보면 네 감정과 친하게 지낼 수 있단다."

강점 일기도 똑같습니다. 감정 변화도 심하고, 고집도 센 빨강이지만, 그런 감정을 솔직하게 표현함으로써 가지는 강점도 있습니다. 자신이 잘하는 모든 것과 자기 기질과 성격이 가진 강점을 적다보면 자신감과 주도성을 키울 수 있습니다. 앞에서도 누누이 말했지만, 빨강이 같은 아이들은 마음 지도를 바꾸는 데 다른 아이들보다 더 많은 시간이 필요합니다. 아이 스스로 자신의 감정을 스스로 점검하고, 기질과 성격의 강점을 키울 수 있도록 격려해 주세요.

오붓한 공간이 가지는 힘
: 아이가 말할 수 있는 상황 만들어 주기

"엄마, 잠시만 저랑 얘기 좀 해요."

노랑이와 다툰 직후, 이 말과 함께 빨강이가 저를 안방으로 데리고 갑니다. 빨강이들은 기질적으로 친구나 부모를 자기편으로 만들고 싶고, 조용한 곳으로 간 것은 자기 입장과 의견을 남에게 들키지 않고 알리고 싶다는 의미입니다.

빨강이 부모님들은 이 상황을 꼭 기억했으면 합니다. 그리고 집안일이나 독서 중이어도 비슷한 말을 꺼내면 바로 응답해주세요. 빨강이에게 감정을 해소하고 조절할 방법을 알려줄 좋은 기회니까요. 이때는 먼저 질문하거나 말을 꺼내지 않아도 좋습니다. 손을 잡고 눈을 바라보며 귀를 열면 이야기가 저절로 시작됩니다.

(빨강이) 엄마, 사실 사과하고 싶었는데, 바로 말이 안 나왔어요.

(엄마) 그래, 사실 엄마도 알고 있었어. 우리 빨강이는 솔직하거든.
　　　　눈이랑 얼굴을 보니까 망설이고 있더라.

(엄마) 그런데 사실 노랑이도 빨강이에게 쌓인 게 많은 것 같아.

혹시 눈치챘니?

(빨강이) 아니요, 사실 잘 모르겠어요. 왜 저만 보면 시비를 걸까요?

(엄마) 빨강아, 노랑이는 평소에 감정 표현을 많이 안 하는 편이지?

그렇게 서운한 마음이 차곡차곡 쌓여서 지금 꽉 차버린 것 같아.

참고로, 노랑이는 모든 것을 감추고 저장하는 침착한 S 유형의 아이입니다. 그래서 형과 갈등이 생기면 심한 압박을 느끼게 되죠. 이대로라면 정반대 성향인 빨강이 형과 불편한 상황이 이어질 수밖에 없습니다. 어떻게 말해야 빨강이가 노랑이를 신경 써주게 할까요?

(빨강이) 아니, 왜 그걸 참아요? 진짜 이해가 안 되네?

(엄마) 엄마가 그랬잖아. 사람마다 다르다고 말이야. 이제부터 우리

빨강이가 뭘 하면 좋을까?

(빨강이) 뭐, 맛있는 거라도 사줘야 해요? 아니면 안아줘야 하나?

근데 노랑이는 안는 걸 싫어한다구요.

(엄마) 맛있는 걸 챙겨줘도 좋겠네. 그리고 하나 더!

노랑이는 무슨 일이든 이유를 잘 설명해 줘야 해. 우리 화가 나면

어떻게 하기로 했더라?

(빨강이) 시선을 돌리고 깊게 숨을 쉬기로 했어요.

(엄마) 그래! 그렇게 깊게 숨을 쉬고, 노랑이의 어떤 행동이 신경 쓰이고

불편했는지 말해주는 거야.

여기서 잠깐! 왜 노랑이가 아니고 빨강이와 따로 이야기를 나누고 있을까요? 그 이유는 크게 두 가지입니다. 가장 먼저 빨강이의 기질이 주도형이기 때문입니다. 뭔가 문제가 발생하면 주도적으로 문제를 해결하고 싶어 하죠. 이렇게 따로 이야기하며 문제해결의 열쇠는 너에게 있다고 인정해주면 어떻게든 그것을 추진하고 성공시키려는 기질을 가지고 있습니다. 다음은 형으로서 '권위'를 가지게 하기 위해서입니다. 지나치게 딱딱한 의미로 들릴 수 있지만, 여기에서 권위는 동생보다 세 살 많고, 3년을 더 살아온 경험을 존중해 준다는 뜻입니다.

이렇게 별도의 공간에서 대화하면 다양한 갈등 상황을 잠재울 수 있습니다. 특히, 여러 사람 앞에서 더 화를 내고, 자신의 분노와 불편함을 내세우는 빨강이들의 맞춤형 처방전입니다.

다만, 같은 기질이더라도 아들과 딸은 다른 모습을 보여줍니다. 일반적으로 O 유형의 아이 중에서도 아들이 더 공격적이고 충동적이니까요. 이 역시 뇌와 호르몬이 작용하고 있습니다. 아들은 '편도체'가 더 발달해서 격한 감정이 일어나는 경우가 잦습니다. 기분을 좋게 만드는 '세로토닌'도 더 많이 분비되어 공격성과 충동성을 자제하기 힘들어합니다.

같은 기질의 딸도 화가 많고 고집스러운 것은 비슷하지만 표현하는 방법이 조금 다릅니다. 뒷이야기나 수다로 공격성을 드러내거나 화가 나면 바로 울어버립니다. 이런 차이를 잘 구분하여 형제나 자매, 남매사이의 싸움이나 갈등에 O 유형이 끼어 있다면, 먼저 오붓한 공간에서 대화를 시작해보세요.

빨강이들을 위한 맞춤형 행동 코칭

학교와 집에서 빨강이들을 보면서 떠오른 동물은 바로 '목양견'입니다! '웰시 코기'처럼 귀엽거나 '저먼 셰퍼드', '보더 콜리'처럼 멋있는 친구도 있지만, 생김새와 무관하게 모두 주도적이고 활발하게 움직인다는 특징을 가지고 있습니다. 또 다른 친구들을 이끌고 안전하게 지켜준다는 점도 빨강이들과 닮았습니다.

하지만 그만큼 주의해야 합니다. 목양견들이 강한 체력을 가지고 있지만 이 체력을 다 쓰지 못하면 우울해하는 것처럼, 빨강이들도 주도적으로 활동하지 못하면 스트레스를 받기 때문입니다.

이제부터 자신만만한 빨강이 친구들이 엇나가지 않고 살가운 리더가 될 방법을 알아보겠습니다.

● 에너지를 마음껏 발산할 수 있는 활동

"우리 아이는 더위를 많이 타서 운동은 그만 시키려고요.
가만히 앉아서 바둑이나 체스처럼 차분하게 마음을 가라앉히면

화내는 성격을 조금 누그러뜨릴 수 있겠죠?"

학부모 상담을 할 때, 종종 이렇게 말하는 분을 보게 됩니다. 실제로 교실에서 바둑이나 체스, 고누 등을 시키면 그 시간에는 조용하게 몰두하니까요. 아마 부모님들도 이런 모습에서 평화로움을 느끼고 좋아하실지 모르겠습니다.

그런데 문제는 그 뒤입니다. 얌전하게 1시간을 보낸 빨강이들은 활발하다 못해 복도나 화장실을 배회하기도 합니다. 얌전히 앉아 있으며 에너지가 모였기 때문에 다음 수업 시간은 집중하기 어려워합니다. 따라서 무조건 앉혀두기보다 넘치는 호기심과 육체적 에너지를 쓰도록 하는 것을 추천합니다.

아들이라면 태권도나 스케이트, 축구 등 다양한 운동 프로그램을, 딸이라면 발레나 재즈댄스, 방송 댄스 등 다양한 예능 활동을 추천하고 싶습니다. 지치지 않을 정도로 활동할 기회를 준다면 주눅들지 않고 자신감 넘치는 아이로 성장할 것입니다.

● 존중의 칭찬

"애들이 나한테만 그래요. 다른 애들이 저처럼 행동하면 그냥 지나가는데, 꼭 나한테만 시비를 건다고요. 저를 존중하지 않는 것 같아요."

빨강이들이 친구들과 다툰 뒤 보호자들에게 말하는 주된 내용입니다.

이들이 바라는 사랑과 관심은 바로 '존중'입니다. 어디서든 대장이 되어 이끌어 가고 싶은데, 생각처럼 안 되면 짜증을 내곤 합니다. 물론 도가 지나쳐 다른 사람들을 쥐락펴락할 수 있다고 생각해선 안 되겠죠. 적절한 훈육이 필요하지만, 그보다 먼저 존중과 칭찬으로 올바르게 인도하는 것이 중요합니다. 이 아이들에게 칭찬할 때는 몇 가지 주의 사항이 있습니다.

첫째, 무엇을 성취했을 때 칭찬해야 합니다.
무조건 칭찬만 하면 거들먹거릴 수도 있습니다. 하지만 자신이 이루어낸 결과와 성과에 대해 구체적으로 칭찬해주면, 도전 정신이 투철한 빨강이들이 다음 단계로 도전할 수 있는 큰 밑거름이 됩니다.

둘째, 많은 사람 앞에서 칭찬합니다.
빨강이들은 강한 인정 욕구가 있습니다. 그래서 존중의 칭찬은 되도록 많은 사람 앞에서 표현해주면 좋습니다. '너 정말 대단하다. 어떻게 그렇게 해낼 수 있었니?' 등의 표현 등으로 기운을 북돋워 줄 수 있습니다.

셋째, 친구보다는 자신의 윗사람에게 칭찬을 듣기를 원합니다.
빨강이처럼 대장 성향의 아이는 같은 또래보다 형이나 언니처럼 자신보다 더 위에 있는 사람들과 어울리고 싶어 합니다. 자기 또래보다 선생님과 부모, 형이나 언니한테 칭찬을 들었을 때 더 효과적입니다.

● 지도력을 발휘할 기회

어려서부터 리더십을 발휘해 학교에서 회장이나 부회장에 도전하는 일이 많습니다. 또 반대로 아예 도전을 안 할 때도 있는데, 자기보다 인기가 많은 아이가 나와서 쉽게 포기하는 경우입니다. 이런 아이에게는 지도력을 발휘할 수 있는 길을 열어주어 자신의 재능을 잘 활용할 수 있도록 격려하는 편이 더 낫습니다. 그럼 어떻게 이런 기회를 만들어 줄 수 있을까요?

첫째, 가족회의를 진행하게 합니다.

외식 장소나 여행지를 고르거나 집 안 청소를 분담할 때 빨강이에게 가족회의 진행을 맡겨 보세요. 단, 이때는 구성원 모두 빨강이의 권한을 인정하고, 회의 과정부터 실제로 그 안건을 실행할 때까지 아이 스스로 주도할 수 있도록 도와줘야 합니다. 이렇게 자그마한 성공 사례를 쌓아주면 나중에 더 큰 일도 원만하게 처리할 수 있으니까요.

둘째, 반장선거에 나가게 합니다.

어린이집이나 유치원이라면 아이에게 일정 공간을 주고 '여기서는 네가 주인공이야.'라고 인정해주세요. 또 초등학생이라면 회장 선거에 나가게 해주세요. 이때는 어떻게 실패하는지도 중요합니다. 거기서 책임감과 한계, 극복 방식을 배울 수 있습니다.

사실, 빨강이 같은 O 유형은 생각보다 친구들에게 인기가 많지 않습니다. 주도적이고 화가 많은 고유의 성향 때문이죠. 하지만 떨어지더라도 다음 선거에서 당선될 방법을 스스로 고민하고 문제를 해결할 기회로 바꿔 줄 수 있습니다.

셋째, 자기가 관리해야 하는 공간을 맡겨주세요.

학교에서는 다양한 당번으로, 가정에서는 현관이나 신발장, 자기 방처럼 일정 공간을 맡겨주세요. 그곳의 리더가 자신임을 받아들이면, 정리 정돈이나 꾸미기 등을 통해 책임감과 성실성을 키울 수 있습니다.

● 도전할 기회

이 유형의 아이는 도전 속에서 동기부여와 에너지를 얻습니다. 대신 강압적인 지시나 명령, 통제를 가하는 것보다 아이 스스로 선택해야 합니다. 한 번에 너무 많은 목표를 주기보다, 적은 가짓수의 도전 거리를 제시해주고 스스로 고르게 하는 것이 좋습니다.

● 지도할 것, 지시할 것은 짧고 굵게

빨강이들은 잘못된 행동을 지적하면 어떻게든 그 상황을 모면하려고 변명하는 경우가 많습니다. 또 자존심도 상했기 때문에 더 두드러지게 반응하고 흥분할 때도 있습니다. 이럴 때의 행동 원칙 3가지는 다음과 같습니다.

첫째, 낮은 목소리로 천천히 말하기

이 아이들은 부모님이 화를 내면 오히려 안도합니다. 생각 없이 어떤 행동을 하는 것이 아니라, '내가 이렇게 행동하면 우리 엄마가 이렇게 말하고 화를 내겠지?'처럼 충분히 생각하고 행동할 때가 많기 때문입니다. 오히려 낮은 음성으로 아이를 부르고 최대한 느리게 말하면, 아이가 당황하며 말에 집중하는 것을 볼 수 있습니다.

둘째, 친절하면서 단호하게 하라.

친절하면서 단호하게 말하는 것은 모든 아이에게 효과적이지만, 이 유형의 아이에게 가장 잘 먹힙니다. 강하게 나가서 울먹이거나 어쩔 줄 몰라 하는 아이를 보면 부모로서 화가 나고 마음도 아프겠지만, 때론 냉정하게 끊어내는 것도 필요합니다.

셋째, 가능하면 사람들이 없는 곳에서 하라.

칭찬할 때는 최대한 많은 사람이 필요하고, 반대로 훈육은 사람들이 없는 곳에서 해야 합니다. 이 또한 자존심 문제 때문입니다. 여러 사람 앞에선 자기 잘못을 절대 굽히지 않지만, 조용하고 아늑한 공간에서 1:1로 말하면 빠르게 수긍하거나 인정하는 모습을 보입니다.

빨강이 맞춤형 행동 코칭 팁

가족회의 진행하게 해보기

많은 사람 앞에서 칭찬하기

아이가 실수했을 때,
눈을 맞추고 천천히 말하며 타이르기

CHAPTER 02

비글미 넘치는 아이를
분위기 메이커로

분명히 예전에 말해 주고 약속도 받았는데, 기억이 나지
않는다며 거짓말까지 합니다. 어떻게 해야 할까요?

미리 보는 엄마표 마음처방전

이 유형의 아이는 산만하고, 말해 준 것을 기억하기 힘들어하는
스타일입니다. 빨강이처럼 다감하게 말해줘도 금세 까먹곤 하죠.
제안형 대화로 생활 습관을 만들어 주는 것부터 시작해 보세요.

[시작하기 전에]

엄마는 모르는 파랑이의 학교생활

파랑이는 아기 때부터 유치원, 초등 저학년 시기에 가장 돋보이는 아이입니다. 한시도 가만히 있지 못하고 정신없이 여기저기 돌아다니죠. 자극 추구가 높아서 탐색적이고 호기심이 많아서 곧잘 질문하지만, 인내력이 부족해 금방 싫증을 내기도 합니다.

● **친구들과 갈등이 일어나는 경우**

(파랑이) 나랑 보드게임 할 사람!

(친구) 야, 파랑아! 네 차례 아니잖아. 왜 계속 네가 고르는데?

(파랑이) 나 고른 적 없는데?

파랑이들은 기본적으로 친구들과 어울려 놀기 좋아합니다. 하지만 때로는 그 관계가 다툼으로 이어지는 등 부정적으로 작용할 때가 있습니다. 이 유형의 아이는 놀이 상황에서 자기 차례만 생각하곤 합니다. 그래서 남의 차례를 기다리기 힘들어하거나 자신의 순서라고 오해할 때가 많죠. 또 끊임없이 재미를 추구하는 성향 때문에 게임 중에도 규정을 바꾸자고 제안하기도 합니다. 이런 모습 때문에 갈등이 심해지면 또래들에게 따돌림을 당할 위험이 있습니다.

● 거짓말을 하는 경우

"파랑아! 양치했니?"
"파랑아, 너 수학 문제집 다 풀었니?"
"네!"

파랑이 유형의 아이들은 거짓말을 곧잘 합니다. 뭔가를 안 했다고 인정하면 부모님이 혼낼 것을 알기에 그 상황만 모면하려고 거짓말을 하는 것입니다. 교실에서도 마찬가지입니다. 미술 시간에 찰흙 캐릭터를 만들어 전시해 둔 적이 있습니다. 그런데 쉬는 시간이 끝나고 여학생 한 명이 울면서 달려왔어요. 그리고 이런 대화가 이어졌죠.

"선생님, 파랑이가 제 찰흙 캐릭터를 건드려서 바닥으로 떨어져 깨졌어요."
"아니에요. 나 아니에요. 그 주변에 저 말고도 다른 아이들도 있었는데……."

● 말을 더듬는 경우

"음…. 나 방금 무슨 말 하려다 말았지?"

"OO아, 나 좀 전에 뭐라고 했지?"

파랑이들은 산만하고 마음도 급합니다. 그래서인지 말을 배울 때, 명료하게 말하지 못하고 더듬거나 시간을 끄는 경우가 일반 아동보다 많습니다. 기질적으로 급한 성격이라 말보다 생각의 흐름이 더 빠르게 움직이기 때문입니다.

또 자기 말을 이해하지 못한다고 생각하면 답답해하며 말도 더 더듬곤 하죠. 어떤 부모님은 아이의 이런 모습을 보고 대신 말하거나 건너뛰는 경우가 있습니다. 하지만 이는 아이의 자신감과 발달을 저해하는 행위입니다. 가능한 한 아이의 말을 경청하고, 자신감을 북돋아 주세요.

● **심심하다고 떼쓰는 경우**

"엄마, 나 심심해! 뭐 하고 놀지?"
"그거 말고, 다른 거 없어요?"
"선생님, 심심해요. 뭐 하고 놀까요?"

파랑이들은 끊임없이 새로운 자극을 원해 쉽게 심심해지곤 합니다. 부모님이나 선생님에게 심심하다며 떼를 쓰기도 하죠. 집에서라면 TV를 보다가 핸드폰을 보고, 그러다 갑자기 다른 할 것을 요구하는 등 끊임없이 물건을 만지작대는 아이일 것입니다. 학교에서도 마찬가지입니다. 쉬는 시간마다 매번 다른 친구들과 함께 여기저기 돌아다닙니다. 파랑이에게 다양한 놀이를 알려줘도 미봉책에 불과하죠.

이런 상황에서는 부모나 교사가 아이에게 적절한 자극을 제공하는 것이 중요합니다. 창의적인 놀이 도구나 활동을 준비해 주거나, 아이가 좋아하는 취미 활동을 함께 찾아주어도 좋습니다.

● 돌아다니면서 먹는 경우

이 유형의 아이들은 언제나 돌아다닙니다. 급식 시간에 미리 주의시키지 않는다면, 친구들 자리를 돌아다니며 이야기 나누느라 밥을 다 못 먹는 경우가 많습니다. 이런 모습이 집에서는, 그리고 부모님을 어떻게 힘들게 할까요? 여기저기 돌아다니며 간식을 먹고, 과자 부스러기가 온 집에 흐트러져 있습니다. 화를 내고, 계속해서 지도하고 주의를 줘도 잘 지켜지지 않아 스트레스를 받을 수 있습니다. 다음 챕터의 대화법으로 이해와 교정을 시작해보세요.

● 재미를 불러일으키는 아이, 학급의 분위기 메이커

"야, 이번에 골 넣으면 내가 아이스크림 쏠게!"
"여러분, 오늘은 제가 아주 재미있는 이야기를 해드릴게요!"

파랑이들이 부산스럽고 산만해도, 반에서는 중요한 역할을 맡고 있습니다. 바로 반의 분위기 메이커라는 것이죠. 파랑이의 넘치는 활력과 큰 동작들은 주변 친구들에게 웃음과 재미를 선사해 줍니다. 예를 들어 체육 시간에 축구를 하다가 지고 있을 때도, 집중이 힘든 학급 발표 시간에도 파랑이가 나서면 분위기가 한층 밝아지게 됩니다.

이러한 긍정적인 에너지는 선생님, 부모님에게 큰 힘이 되고, 친구들 사이에서도 없으면 안 될 존재로 자리잡을 수 있습니다. 그러기 위해선 아이의 긍정적인 면을 잘 살려주고, 에너지를 좋은 방향으로 발산하도록 돕는 것이 중요합니다.

①
대화보다 제안이 먼저
: 호기심을 집중력으로 바꾸는 대화법

산만하고 부산한 아이는 '누가 봐도 산만한 아이'와 '겉으로만 얌전해 보이는 아이'로 다시 나뉩니다. 첫째인 파랑이는 비교적 얌전했지만, 내면적으로는 정말 산만한 아이였죠. 기질이 명확하지 않은 유아 시절에는 무언가에 깊이 빠져 탐구하는 모습을 보고 '와! 얘는 정말 집중력이 대단하네.'라며 속으로 뿌듯해하기도 했습니다.

하지만 초등학교에 들어가면서 조금 별나단 생각이 들었습니다. 학교 숙제를 하거나 책을 읽을 때 가만히 앉아 있지 못했죠. 제 방에서 과제를 하다가도 5분도 안 되어 화장실에 간다고 돌아다니거나 방바닥에 블록을 잔뜩 부어 놓고 블록 맞추기를 하고 있었습니다. 아무리 지적해도 소용이 없었고, 엄마와 아빠 둘 중 누군가는 화를 내야 했습니다. 그제야 눈물을 뚝뚝 흘리며 어지럽힌 방을 청소하고 숙제도 했으니까요.

"파랑아! 가만히 좀 앉아 있어!"

"돌아다니지 말고 빨리 먹어!"

"지금 뭐 하는 거야? 숙제하는 시간인 거 몰라?"

위와 같은 명령조의 어투는 좋지 않습니다. 아이의 감정이 상하더라도 지금 당장 효과가 나오니 쉽게 버리기도 힘들죠. 하지만 이런 명령조의 말은 아이에게 '네'라는 답을 끌어낼 순 있어도 마음속에 하고 싶은 말을 담아두게 만듭니다. 그래서 잠깐만 행동이 바뀔 뿐 이후에도 똑같은 상황은 반복될 것이고 부모도 같은 말을 되풀이해야 합니다. 그렇다면 아이와 하나씩 풀어가며 대화를 나눠보면 어떨까요?

"파랑아! 여기 앉아봐. 우리 파랑이는 왜 그렇게 왔다 갔다 하는 거야?
무슨 문제가 있는 건 아니지? 우리 파랑이의 이야기를 한번 들어볼까?"
"그랬구나! 우리 파랑이 말을 들어보니 그럴 수도 있었겠다.
앞으로는 그때그때 해야 할 일을 잘해보자."

이렇게 세심한 질문과 말투로 이야기를 건네면 아이는 그에 반응하여 많은 이야기를 쏟아냅니다. 긴 시간과 정성을 들여 밀도 있는 대화를 하면 분명 좋은 점이 있습니다. 그런데 안타까운 건 이 또한 그때뿐이라는 것입니다. 산만한 행동을 할 때마다 이렇게 정서를 배려한 대화를 나누기는 쉽지 않습니다. 오히려 먼저 지쳐서 이렇게 말할지도 모릅니다.

"엄마가 몇 번을 얘기해야 알아듣겠니?
지금까지 계속 그렇게 길게 말했는데, 너 정말 너무한 거 아니야?
왜 엄마 말은 귓등으로도 안 듣는데? 어?"

결국 지금까지 모인 응어리와 분노를 아이에게 퍼붓는 것이죠. 그러면 파랑이들에게 정말 필요한 말투와 대화방식은 무엇일까요? 먼저 '~해보자.', '~해보지 않을래?', '~과 ~중에 어느 것을 먼저 하면 좋을까?'처럼 제안형의 말투로 바꿔봅시다. 공부에 집중하지 못하는 아이에게 제안형으로 말하면 다음과 같이 대화를 이어갈 수 있습니다.

> (부모) 파랑아! 이제 학교 숙제할 시간이네? 무엇부터 해야 하니?
>
> (파랑이) 어….
>
> (부모) 알림장부터 확인해 보자!
>
> (파랑이) 아! 독서록 쓰고, 수학 복습 활동지 풀어가야 해요.
>
> (부모) 그렇구나! 지금 몇 시지?
>
> (파랑이) 8시!
>
> (부모) 독서록은 시간이 얼마나 걸릴 것 같니? 수학은?
>
> (파랑이) 어….
>
> (부모) 오늘은 독서록을 30분, 수학 30분 정도 시간을 잡아 볼래?
>
> (파랑이) 네, 한번 해볼게요.
>
> (부모) 파랑이가 시간을 잘 보고, 그 시간에 맞춰서 해보자. 파이팅!

위의 대화를 보고 '부모와 자녀의 대화가 왜 이리 단순하고 딱딱해?'나 '아이의 생각이나 정서는 생각해 주지 않는 거야?'라고 생각할 수 있어요. 그러나 파랑이를 키우는 부모라면 위의 제안형 대화가 왜 알맞은지 금세 알 수 있습니다.

아이에게 제안형으로 말을 걸면 어떤 식으로든 반응하게 됩니다. 짧게라도 생각하고 고민한 뒤 답을 하지요. 대신 생각의 지도도 넓게 펼쳐져 있고 행동반경도 큰 파랑이들은 되도록 빨리 생각하고 정리해서 말하는 습관을 키워줘야 합니다. 물론 그 반응이 반론으로 이어질 수도 있지만, 그래도 상관없습니다. 중요한 것은 아이와 소통하면서, 동시에 아이가 행동으로 바로 옮길 수 있도록 유도하는 것이니까요.

산만함은 고쳐야 하는 것이 아닌, 세심하게 가꾸고 키워줘야 할 아이의 고유한 특성입니다. 다른 유형의 기질도 마찬가지죠. 그 기질을 '어떻게 해서든 고쳐야 하는 것'으로 여기고 계속 다그치면 좋은 습관도 만들어지지 않을뿐더러, 우리 아이만이 가진 기질의 큰 강점까지 약해질 수 있습니다. 이제부터는 우리 아이의 기질을 '잘 다뤄야 할 것'으로 인식하고 이에 맞게 부모의 양육 방식과 대화법을 맞춰 나가 봅시다.

제약으로 만드는 생각 스위치

: 아이의 생각을 키울 대화 가지치기

우리는 앞에서 제안형으로 대화해야 한다는 걸 알았습니다. 하지만 부모가 계속 대화를 주도해선 안 됩니다. 아이 스스로 어떤 결정을 내릴 수 있도록 유도해야 하죠. 이때 가장 중요한 것은 무엇일까요? 바로 '아이가 이해할 수 있는 제약'을 두는 것입니다.

파랑이들은 재미를 추구하는 아이들입니다. 그래서 무언가를 해야 해도 당장 눈앞에 흥미로운 것이 있으면 자신이 무엇을 해야 하는지를 금세 잊어버리곤 하죠. 파랑이, 즉 A 유형의 아이뿐만 아니라, 초등 저학년 시절의 아이들이 이런 모습을 자주 보이곤 합니다.

이들의 호기심을 집중력으로 바꾸는 두 번째 원칙은 '시간'이나 '장소'에 제약을 걸고 일정을 짜도록 돕는 것입니다. 그리고 한 가지 덧붙이면, 재미있는 요소를 더해 강압적이지 않으면서도 그 활동을 즐기도록 유도할 수 있습니다. 일상에서 흔하게 볼 수 있는 두 가지 사례와 대화로 알아보겠습니다.

첫 번째 사례는 많은 분의 골머리를 썩이는 '양치' 이야기입니다. 저녁 식사 이후 파랑이가 씻지도 않고 방으로 쏙 들어갔습니다. '그래도 기다려 보자'라는 마음으로 버텨 보지만, 아이는 무엇을 해야 하는지도 모르고 다른 것에 관심을 쏟고 있을지도 모릅니다. 아니나 다를까 학습만화에 푹 빠져서 부르는 소리도 못 들은 것 같습니다. 슬슬 화가 올라오는 엄마의 대화(?)가 시작됩니다.

> (부모) 파랑아, 지금 몇 신데 아직도 양치를 안 했니?
> (파랑이) 아, 할게요.
> (한참을 기다려도 욕실에서 양치하는 소리가 들리지 않음)
> (부모) 파랑아, 너 양치한 거 맞지?
> (파랑이) 이제 하러 가요.
> (여전히 방에서 웃음소리가 들림)
> (부모) 야, 파랑! 빨리 양치 안 해? 진짜 너무하네.
> (파랑이) 아! 맞다 깜빡했네. 이제 양치하러 가야지~

약 올리는 것도 아니고, 이게 무슨 일일까요? 이런 반항은 파랑이들의 전형적인 소극적 저항입니다. 즉 명령과 반항, 명령과 반항의 반복이죠. 이럴 때는 시간을 이용해서 기준을 잡아주고, 아이가 할 일을 해내면 칭찬해주는 것이 좋습니다.

> (부모) 파랑아, 양치할 시간인데…. 지금 뭐 하고 있니?
> (파랑이) 지금 학습만화 보고 있어요. 이것만 읽고 바로 양치할게요.

(부모) 그래? 5분 만에 양치하면 맘껏 책 읽게 해줄게. 파랑아,

　　　시계 맞춰 놓고 시간 안에 도전! 할 수 있지?

(파랑이) 네! 지금부터 시작!

(부모) 뭐야, 완전 앤트맨이네.

(파랑이) 헤헤! 다 했어요!

　조금 더 어린 나이라면 평소 즐겨보는 만화영화 캐릭터나 책에 나왔던 인물 등을 넣어 대화해 봅시다. 상상력이 풍부한 파랑이들은 더 신나고 재밌게, 부모가 제시한 행동에 적극적으로 참여하게 될 것입니다.

　두 번째 사례는 학교나 학원에 등교할 때입니다. 우리 집 둘째인 빨강이와 달리, 첫째 파랑이는 늘 아슬아슬하게 출발하곤 했습니다. 숨 가쁘게 숙제하는가 싶더니, 주방에서 간식을 챙겨 들어가서 부스럭부스럭 소리를 내곤 했죠.

(부모) 파랑아, 학원 시간 알고 있지? 좀 서두르자.

(파랑이) 알았어요. 이제 이 숙제만 마무리하면 가요.

　그렇게 한참을 실랑이하다 드디어 집을 나섭니다. 그런데 5분 정도 지나자 집으로 다시 돌아왔습니다.

(부모) 무슨 일이야, 파랑아?

(파랑이) 아, 필통을 안 가져갔더라구요. 헤헤!

학원 수업 시간은 벌써 지났는데, 아이는 태연하고 오히려 즐거워하는 모습이라 어안이 벙벙했습니다. 이렇게 약속 시간을 허투루 생각하는 아이에겐 어떻게 말해줘야 할까요? 챙겨야 할 요소는 두 가지로, '집에서 나설 시간'과 '준비물' 등을 언급해 상기시켜줘야 합니다.

(부모) 파랑아, 몇 시에 집에서 나설 거니?

(파랑이) 4시 40분에는 출발할 거예요. 숙제도 좀 해야 하고요.

(부모) 파랑아, 그럼 시간이 얼마나 남았어?

(파랑이) 40분 정도 남았어요.

(부모) 숙제할 시간이 30분 정도 있네. 이제부터는 자리에 앉아서 숙제 마치고, 다음에는 준비물 챙기자. 시계 맞춰 놔도 좋고!

(파랑이) 네!

위와 같이 시간과 공간에 어느 정도의 제약을 두고 대화하는 것이 오히려 덜 명령하고, 덜 제한하는 대화로 이어질 수 있습니다. 물론 이렇게 하더라도 아이가 중간에 실수하거나 잊어버릴 수 있습니다. 그렇더라도 그 실수를 지적하지 말고, '실수 오케이!', '다음부터 다시 시작해보자.'라는 유머와 여유가 섞인 말투로 접근해 봅시다. 충분히 당황했을 아이에게 공감과 지지를 보내면서도 시간과 규칙의 중요성을 깨닫게 해줄 수 있습니다. 이런 대화로 시작해 메모와 학습플래너로 아이의 약점을 보완해 나가면 스스로 관리하는 아이로 거듭날 것입니다.

③

다재다능한 놀이의 달인, 호모 루덴스

: 다양한 분야의 관심으로 대화 접근

'우리 아이는 한 가지에 집중을 못 해요.'

'혹시 ADHD(과잉행동 및 주의력 결핍 장애) 아닐까요?'

파랑이들의 부모가 충분히 의심할 수 있는 질문들입니다. 저 또한 이것저것 관심이 많아도 무엇 하나 끝마치지 못하는 첫째 아이를 보며 ADHD를 의심했기 때문입니다. 하지만 신기하게도 파랑이들은 다양한 다중지능에서 두각을 나타낼 가능성이 큽니다. 타고난 외향성으로 활동력이 강할뿐더러, 호기심과 모험심이 많아 이것저것 탐색하기를 즐기는 것이 강점이기 때문입니다.

독특한 것은 자신이 잘 아는 누군가가 옆에 있으면 모험적으로 움직이지만, 아무도 없으면 조용히 있는다는 것입니다. 또 주변 사람들의 반응이 좋으면 열정을 다하여 능력을 발휘하지만, 반응이 없거나 부정적이면 위축되거나 조용히 있게 됩니다. 즉, 아이가 흥미를 보이는 것을 적극적으로 할 수 있도록 흥을 북돋아 주고, 최대한 다양한 것을 접할 수 있게 도와줘야 합니다.

다만 이 유형의 아이들은 조금만 복잡하고 어려우면 빠르게 포기하고, 쉽게 재미를 주는 장난감이나 활동에 몰입합니다. 자칫 모바일이나 컴퓨터 게임에 중독될 위험도 뒤따르죠. 따라서 다양한 활동에 참여하는 것을 격려하되, 그 활동과 과제가 어려우면 몇 부분으로 나누어 조금씩 이뤄나갈 수 있도록 도와줘야 합니다. 더불어 그 과정과 노력을 충분히 칭찬해주세요.

이제 파랑이 부모님들이 마주할 상황과 어떻게 대화로 풀어나가야 하는지 살펴봅시다.

(거실 바닥에 흐트러진 블록 장난감과 책, 색종이들)

(엄마) 파랑아, 이거 다 한 거니?

(파랑이) 아니요, 조금 이따 할 거예요. 그거 그대로 놔두세요.

(책을 읽다 내려놓고 색종이를 꺼내 딱지를 접는 파랑이)

(엄마) 파랑아, 책 다 본 거야? 색종이는 왜 꺼내서는…. 어휴~!

(1시간 뒤, 블록을 맞추기 시작하는 파랑이)

(엄마) 파랑아, 뭘 하나 꺼내서 시작했으면 좀 꾸준하게 할 수 없니? 너는 항상 이런 식이니?

(파랑이) 네~

(엄마) 파랑아! 너 엄마 말 듣고 있어? 너 정말 엄마 말 무시할래?

(파랑이) 네, 알았다고요.

실제로 우리 아이가 자주 보여주던 모습입니다. 읽기만 해도 속이 답답해지시죠? 그렇다면 이 유형의 아이에게 어떻게 접근해야 할까요? 위의 사례 속 파랑이의 흥미를 끌 대화법을 알아봅시다.

> (엄마) 파랑아, 여기 있는 블록은 무엇을 만들려고 한 거야? 궁금하네?
> (파랑이) 아, 그거요? 우주비행선이요. 근데 너무 어려워요.
> (엄마) 그럼 오늘은 여기 창문까지만 완성하고, 다음에 또 만들면 어떨까?
> (파랑이) 거기도 만들기 어려운데….
> (엄마) 우리 파랑이는 충분히 할 수 있을 것 같아. 지난번에 아이언맨도
>   조립해봤잖아.
> (파랑이) 아, 맞다! 알았어요. 창문까지 맞춰 봐야지!
> (약속한 부분까지 완성한 아이와 엄마)
> (파랑이) 엄마! 이거 봐요, 다 만들었어요.
> (엄마) 우와! 벌써 우주선 안테나까지 만들었네. 우리 파랑이가 해낼 줄
>   알았다니까?

위의 대화처럼 파랑이들은 활동이나 놀이, 과제 등을 단계별로 나누어, 흥미를 잃지 않으면서 목표를 완수할 수 있도록 격려해야 합니다.

이제는 파랑이에게 적합한 다양한 활동의 예시와 이유입니다. 먼저 파랑이는 신생아 때부터 확연한 외향성을 보입니다. 아기 때부터 밝고 환하게 잘 웃고, 가족이나 친척들이 모이는 자리에서 노래나 춤으로 재롱을 부리며 뽐내고 싶어 합니다. 말하자면 타고난 무대 체질인 셈입니다.

수영, 배드민턴, 태권도, 등산, 자전거 타기 등의 운동

에너지를 맘껏 발산할 수 있고, 다른 사람 앞에서 승부를 겨루거나 발표할 기회를 얻을 수 있습니다.

방송 댄스, 라인댄스, 악기 연주 등의 예능 부분

음악에 맞춰 춤을 추거나 악기를 연주하며 다른 사람 앞에서 뽐낼 기회를 얻을 수 있습니다.

복잡한 퍼즐이나 레고 블록 조립, 섬세한 조리가 필요한 요리 등

순서와 절차가 분명하여 책자나 안내서를 따라 하는 활동입니다. 수십 가지 과정으로 나누어 다양한 성공체험을 제공할 수 있습니다.

만약 위의 활동을 학교나 학원에서 이어 나가려면, 사전에 정기적인 연주회나 발표회, 전시회 등을 진행하고 있는지 확인하는 것이 좋습니다. 분기마다 한 번 정도 여러 사람 앞에서 재능을 뽐내거나 결과물을 전시하면 성취감을 맛볼 수 있고, 더 나아가도록 동기부여도 가능하니까요. 만약 이런 행사가 없다면 집에서라도 수시로 보여주고, 이를 발표할 '가족 발표회' 등을 마련해 주는 것도 좋습니다.

파랑이는 늘 다양한 것에 관심이 많습니다. 어떤 관심이나 재능을 내비쳐도 쉽게 지나칠 수 있다는 것이죠. 그러니 이 아이들의 발랄함, 솔직함, 꾸밈없음, 엉뚱한 창의성, 호기심과 탐구 정신 등을 잘 찾아 칭찬해 주세요. 다양한 분야를 엮어 재기발랄한 구상을 만들어 낼 잠재적인 재능과 역량이 있으니까요. 우리는 그저 아이가 다른 일에 주의가 분산되지 않고, 하고자 했던 활동을 마무리 지을 수 있도록 하면 됩니다.

위와 같이 아이의 작은 호기심에도 큰 관심과 칭찬을 준 덕분에 제 첫째 아들은 산만함과 인내력 부족을 극복하고 영재교육원에 들어갈 수 있었습니다. 거기서 얻은 자신감이 공부로 이어져 이제는 인내심을 가지고 어려운 문제를 즐기는 아이가 되었습니다!

④

파랑이들을 위한 맞춤형 행동 코칭

파랑이들은 외향적이며 관계 지향적이고 사교성이 뛰어납니다. 사람들과 함께 지내는 것을 좋아하며 관계를 열정적으로 맺고, 주도해 나가는 유형이죠. 그래서 타인의 반응에 굉장히 민감합니다. 긍정적인 반응을 보면 자신감이 생기고 지지받고 있다고 생각하니까요. 그렇다면 부모는 어떤 모습을 보여줘야 할까요?

● 아이의 행동에 즉시, 강하게 반응하기

파랑이들은 집에 들어올 때 엄마의 표정부터 살핍니다. 엄마 얼굴이 밝고 행복해 보이면 자기 일을 찾아 얼른 움직이고, 엄마 얼굴이 어두우면 엄마를 웃게 할 일이 뭐가 있을지 찾을지도 모릅니다. 즉, 다른 사람이 행복하면 나도 행복한 것이죠. 어찌 보면 자신의 가치감이나 행복감이 타인의 반응이나 표정에 따라 움직이는 유형입니다. 따라서 이 유형의 행동 코칭 첫 번째는 부모가 아이의 행동에 그 즉시, 자주, 강하게 반응해 주는 것입니다.

예를 들어, 수업 시간에 만든 작품을 집으로 가져왔다고 생각해보세요. 조금은 무뚝뚝한, 차분하고 조용한 부모님은 "참 잘했구나." 정도로 짧게 칭찬해주고 말았을 겁니다. 그러면 파랑이는 엄마의 이런 반응에 만족했을까요? 만약 다른 유형의 아이라면 위의 대화에 크게 의미를 두지 않고 넘어갔겠지만, 파랑이들은 엄마의 반응이 너무 작거나 부족하다고 느끼곤 합니다. 그렇다면 이렇게 말해 보면 어떨까요?

> (파랑이) 엄마, 이거 오늘 수업 시간에 만들었어요.
> (엄마) 그랬어? 우와 이게 뭐야? 멋지다.
> (파랑이) 여기 봐봐요. 다른 애들보다 더 신경 써서 만들었어요. 시간도
>   오래 걸렸고요.
> (엄마) 진짜 그랬겠네? 이걸 어떻게 이렇게 만들 생각을 했어? 훌륭하다.
> (파랑이) 다음엔 이것보다 더 위 단계 만들어 볼 거예요.
> (엄마) 알았어. 우리 파랑이 다음 작품도 기대할게?

위에서도 설명했듯, 이 유형의 아이는 다른 사람이 기뻐하고 행복해하는 모습에 의욕을 얻습니다. 그래서 강한 호응과 함께 다음 목표를 제시해주면, 도전 의식을 가지고 목표를 이루기 위해 노력합니다. 원래 목표 지향적인 아이도 아니고 조금 어려우면 쉽게 포기하기도 하지만, 이런 관계 지향적인 기질을 잘 이용하면 쉽게 극복할 수 있습니다.

파랑이들에게는 외모에 대한 칭찬도 중요합니다. 또래 아이들 중에서도 유독 꾸미는 것을 좋아하고, 색감도 화려한 것을 선호하는 경향이 많

기 때문입니다. 주변 사람들의 시선을 많이 의식하며, 주목을 받기 위해 얼굴이나 의상 등에 신경을 씁니다.

때로는 우스꽝스러운 모습으로 발표회에 나서고, 망가지는 행동으로 사람들을 웃기기도 합니다. 이 모든 행동과 습관은 '사람들이 내 모습을 보고 어떻게 생각할까?'라는 호기심에서 비롯됩니다.

부모라면 가끔 피곤해서 '이렇게 산만한데, 칭찬할 게 있을까?'라고 생각할 수 있습니다. 하지만 꼭 기억해 주세요. 파랑이는 부모나 친구, 교사의 반응과 칭찬이라는 보약을 먹으면 자기 능력 이상의 잠재력을 발휘한다는 것을요.

● 일정표 등 시각 자료를 활용

파랑이들은 듣고 싶은 것을 먼저 듣는 선택적 주의력을 가진 경우가 많습니다. 특히, 다른 사람의 말을 이해하고 활용하는 능력이 다소 떨어지는 편이죠. 간단한 대화나 이야기는 쉽게 따라가도, 다양한 인물이 등장하는 복잡한 이야기는 세세한 부분을 놓치기 쉽습니다.

마찬가지로 자신의 일정이나 계획이 조금만 복잡해져도 피곤함을 느낄 가능성이 큽니다. 이런 약점을 보완하기 위한 전략은 바로 일정표 같은 시각적 자료를 쓰는 것입니다. 제가 한창 파랑이의 행동을 교정해 줄 때는 현관 중문부터 아이 방문, 책상 위까지 쪽지를 붙여 두었습니다.

아이가 초등학교에 입학할 나이가 되면 함께 종이나 화이트보드, 플래너 등에 일정을 적어보세요. 아이가 직접 적으며 일정을 깨닫고 행동하도록 하는 것입니다. 두 가지 이상의 일정이 있다면 스스로 순서를 정하고, 이를 실천하면 한 개씩 지우거나 옮기면서 무엇을 했는지 알게 하는 것도 좋습니다.

이런 행동으로 만드는 습관은 파랑이의 기질적 특성도 보완해줍니다. 앞에서 봤던 파랑이들은 성격도 급하고 조그마한 난관을 만나도 쉽게 짜증을 내며 포기했죠? 또 차근차근 계획을 짜지 않고 대충 급하게 일을 처리하려고도 할 거예요. 하지만 일정표를 이용해 어떤 일도 작고 쉽게 나누어 다루는 습관을 길러 주면 이런 모습이 감쪽같이 사라진 것을 볼 수 있습니다.

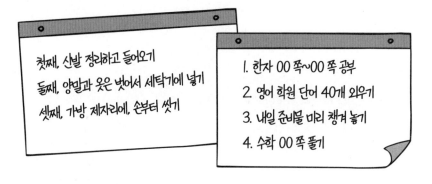

● 때로는 역할 분담으로 책임감 길러주기

만약 파랑이에게 혼자 방 청소를 해보라고 하면 어떻게 반응할까요? 처음에는 열정적으로 시작할 거예요. 거기에 부모의 동기부여와 칭찬이 뒤따르면 더 열심히 하겠지만, 어느 정도 시간이 흐르면 딴 길로 샐 가능성이 큽니다. 방을 치우다 쪽지나 예전에 가지고 논 퍼즐, 장난감 등을 발견하면 또 반짝이는 아이디어가 생겨서 청소하다 말고 다른 활동을 하니까요.

지금까지는 대화로 아이의 행동을 교정해 왔지만, 파랑이를 위해선 때로 '팀플레이'도 필요합니다. 앞에서 날짜나 시간, 장소를 지정해 아이를 응원했다면 이제 그 시간 동안 부모와 아이가 역할을 나누어 직접 청소해 보는 겁니다. 앞으론 이렇게 말해주세요.

(부모) 파랑아, 너는 책상과 침대 중에서 어느 부분을 먼저 청소할래?
(파랑이) 저는 책상부터 청소할게요.
(부모) 좋아. 그럼, 엄마는 침대 쪽 치우는 걸 도와줄게. 지금 6시니까
       우리 6시 30분까지 모두 마치고 쉬자.
(파랑이) 좋아요.

● **중요한 것은 끝까지 지도하고 중간에 확인하는 것**

'아이가 대답은 잘하는데 끝까지 실천을 안 해요. 중간에 그만둬요. 지겨워해요. 심심해해요.'

파랑이 부모님들의 흔한 푸념입니다. 뭘 해도 대충 대충하는 경향 때문에 결국 화를 내기도 하시죠. 하지만 이런 약점을 초등학교 고학년, 중학교, 고등학교까지 그냥 내버려 둘 수는 없습니다.

아이와 함께 반드시 고쳐야 할 행동이나 잘못된 습관 2가지~3가지를 정해보세요. 그리고 그 행동의 정답을 직접 보여 주면서 말로 보충 설명을 해 아이의 이해를 돕는 겁니다.

(부모) 파랑아, 네 책상에서 책은 여기 두어야 하고, 책을 보고 난 후에는

이렇게 책등이 보이게 꽂아 놓아야 해. 한번 해보자.

(파랑이) 이렇게요?

(부모) 응, 잘했어. 그리고 이런 투명 테이프는 이곳에 두어야 하고, 깎은 연필 부스러기는 책상이 더러워지니 바로 일반쓰레기통에 버리자. 한번 해볼래?

이때는 모든 행동을 아주 구체적으로 보여 주고 설명해야 합니다. 그리고 함께 정한 행동을 잘 지키고 있는지 꾸준히 확인하고 격려해 주세요. 아낌없이 칭찬해서 올바른 습관이 자리를 잡도록 해야 합니다.

파랑이 맞춤형 행동 코칭 팁

아이의 행동에 즉시, 강하게 반응하기

일정표로 스케줄 관리하기

역할 분담으로 책임감 길러주기

CHAPTER 03

느려도 경주에서 이기는 슬로우 스타터로

느릿한 성격 때문인지 아이가 학교에서 친구를 못 사귀는 것 같아요. 어디든 데려가서 친구를 만나게 해야 할까요?

미리 보는 엄마표 마음처방전

이 유형의 아이는 충분히 기다려 주는 게 정답입니다.
새로운 환경에 적응하는 데 시간이 필요하니까요.
오히려 무리해서 밀어 넣으면 역효과가 날 수 있습니다.
스스로 자신감이 생길 때까지 기다려 주세요.

[시작하기 전에]
엄마는 모르는 노랑이의 학교생활

이 아이들은 기질적으로 자극 추구 요소와 사회적 민감성이 낮은 편에 속합니다. 교실에 30명의 아이가 있다면 이 유형의 아이는 많아야 서너 명입니다. 그만큼 보기 힘들고 주위 아이들과 다른 이질적인 모습에 부모님들의 걱정도 많은 편이죠.

우리 셋째가 이 기질을 가지고 있었습니다. 아기 때는 정말 키우기 수월했어요. 조용하고 차분했고, 목욕하거나 밥을 먹을 때도 심지어 유모차에 앉아 바깥 구경을 해도 엄마가 이끄는 대로 얌전하게 있었으니까요. 그러다 돌 무렵을 지나 아이 스스로 뭔가를 시도할 때, 전에는 알 수 없던 독특한 특징들이 보이기 시작했습니다.

우선 행동이 정말 느렸습니다. 옷을 갈아입을 때나 어린이집에서 가져온 것을 정리할 때 유독 더뎠죠. 그래서인지 도움을 요청할 때가 많았습니다. 또 유치원 생활에는 잘 적응했어도, '이 아이가 사회성에 문제가 있나?' 싶을 정도로 친구들과 어울려 지내는 모습을 보지 못했습니다. 그래서 활동적인 아이들에게 자주 치인다는 느낌도 들었습니다. 소극적이고 수동적이며 아이들과 적극적으로 활동하지 않는 모습에 정말 걱정이 많았습니다.

　이제 엄마는 알 수 없던 노랑이들의 학교생활을 알아보도록 하겠습니다.

● 굼뜨지만 꼼꼼한 친구

　　"야! 책상 좀 빨리 움직여봐. 모둠 만들어야 하잖아. 빨리, 빨리!" ①

　　　"거기 말고! 여기로 와야지. 내가 도와줄까?" ②

　　　"아야! 내 손 끼었잖아. 조심히 좀 하라고!" ③

　　　"괜찮아? 밴드 붙여야 하는 거 아냐?" ④

　　　　"엉엉엉!" ⑤

　　　　"……" ⑥

　모둠활동을 위해 짝꿍끼리 앉았던 자리를 옮기는 과정에서 나온 대화입니다. 어떤 유형의 아이가 어떤 말을 했는지 알아보시겠나요? 앞에서 살펴본 빨강이와 파랑이는 쉽게 알아챌 수 있습니다. 읽기만 해도 바쁘게, 그것도 다른 모둠보다 빨리하려고 안간힘을 쓰며 책상을 움직이는 친구들이죠.

　짐작한 것처럼 ①, ③을 말한 아이는 빨강이입니다. 뭐든 주도적이고 자신이 마음먹은 대로 다른 친구들이 따라오지 않아 화를 내고 있죠. 파랑이는 ②, ④를 말했습니다. 얼렁뚱땅 할 일을 마치고 다른 친구들을 구경하거나 참견하고 있습니다. 또 이상 상황을 빨리 발견하고 위로하는 아이기도 합니다. ⑤는 아직 알아보지 못한 보랑이입니다. 어떤 문제가 발생하면 조용히 울고 있을 가능성이 큰 아이죠. 뒤에서 더 자세히 알아보겠습니다.

이번 장의 주인공인 노랑이는 바로 ⑥번, 아무 말 없이 움직이는 아이입니다. 사실, 이 아이들은 다른 아이들을 별로 신경 쓰지 않습니다. 그래서인지 부모나 친구들이 보면 아무 일도 하지 않고 꾸물거리는 모습으로 오해받을 때가 많습니다.

이 유형의 아이는 기질적으로 에너지가 매우 적습니다. 그래서 해야 할 일이 조금만 어려워 보이면 쉽게 포기해 버리죠. 또 뭔가를 결정하기보다 결정을 따르는 것에 더 편안함을 느낍니다. 대신 이 아이들은 잔 실수가 적고, 과제도 꼼꼼하게 해오는 장점이 있습니다. 수업 시간에도 끝까지 집중하는 친구들이죠.

● 친구들 속에서 책을 읽거나 구경하는 방관자

(선생님) 노랑아, 너도 친구들이랑 보드게임 해보는 건 어때?
어울려 노는 것보다 책 읽는 게 더 좋아?
(노랑이) 네, 저는 이게 더 좋은데요?

초등학교의 쉬는 시간보다 왁자지껄한 장소는 드물 거라고 확신합니다. 보통 삼삼오오 모여서 보드게임이나 동대문 놀이, 축구나 잡담을 하죠. 이때 책상에 그대로 앉아 책을 읽는 2명~3명을 보셨다면 노랑이일 가능성이 큽니다.

이런 조용한 모습 때문인지 학년 초, 학부모 상담을 할 때마다 걱정하는 부모님이 나옵니다. "집에서는 그렇지 않은데, 유독 학교에서만 조용한 아이니 어울려 놀게 도와달라."는 말도 남기곤 합니다. 무거운 걱정과 고민을 모아 담임인 저에게 어렵게 꺼내 놓은 말일 겁니다.

하지만 한 달 정도 아이를 관찰하고, 같이 놀도록 권유도 한 뒤 내린 결론은 간단했습니다. 이 아이는 혼자 책 읽는 시간을 가장 만족스러워한다는 것입니다. 격려도 하고 일부러 조도 짜서 놀도록 해도 어느새 자리에 앉아 책을 즐기고 있었으니까요. 사람들 속에서 조용히 지낼 때 안정을 느끼는 유형입니다.

● 편하고 쉬운 선택을 좋아합니다

"우리 역할 정해야 하는데, 나는 토끼 할래? 너희들은?" ①
"네 맘대로 정하면 되냐? 나도 토끼하고 싶어. 나 재밌게 할 수 있는데." ②
"너 혼자만 말할 거야? 이대로면 너는 20줄,
다른 역할들은 5줄밖에 말 못 해." ③
"너는 무슨 역할 할래?" ④
"나? 나는……. 이거 남았네? 그냥 이거 할게." ⑤

앞에서 본 것처럼 이번에는 국어 역할 놀이를 위해 모둠별로 역할을 정할 때 나온 대화입니다. 누가 어떤 말을 했을까요? 여러분이 예상한

대로 노랑이가 ⑤를 말했을 확률이 높습니다. 나머지 대화의 주인공은 누구인지 맞혀 보세요. 정답은 다음 쪽 밑부분에 거꾸로 적어두었습니다.

대화에서 짐작할 수 있는 것처럼 노랑이들의 마음속엔 항상 '너를 따를게!', '나는 싸우기 싫어.'라는 말이 맴돌고 있습니다. 그렇다면 가장 싫어하는 말은 무엇일까요? "알아서 해봐, 좀!", "어떻게 좀 해봐!"라는 책임을 지우는 말입니다.

● 자기 영역에 침범하면 고집 센 아이가 됩니다

앞에서 빨강이들이 굉장히 고집이 세고 반항적이라고 말했습니다. 평균적으로는 그렇지만, 사실 가장 고집스럽게 버티는 아이는 노랑이일 때가 많아요. 특히, 이 유형은 단단한 자기방어 기제를 가지고 있어 평소와 다르게 대책 없이 고집을 부리고 반항적인 모습을 보일 때가 있습니다. 아이의 기질을 잘 이해하지 못한 부모님은 "잘 못하겠어요. 너무 어려워요."라고만 말하는 아이의 태도에 화가 나서 이렇게 윽박지르곤 합니다.

"노랑아, 너는 왜 해보지도 않고 아예 안 하려고 하니? 도전도 안 해 볼 거야?"
"너 혼자서도 충분히 할 수 있다고!"

위와 같은 접근은 노랑이들을 더 움츠러들게 하는 역효과를 낳기에, 차라리 머리를 쓰다듬어 주면서 "괜찮아, 충분히 고민해 봐. 기다릴게."

라고 말해 주는 편이 낫습니다. 이내 고집을 꺾고 도전하는 자세를 취할 테니까요.

아이의 속마음을 꺼낼 마스터키, 관심

: 아이의 의기소침함을 성취감으로 바꾸는 대화

퇴근해서 저녁 식사를 차릴 때면 첫째 파랑이는 엄마 꽁무니를 따라다니며 오늘 하루 겪은 일을 종알대느라 바쁩니다. 전형적인 A 유형의 아이라 앉아서 이야기하자고 해도 금세 잊어버리고 제 뒤를 쫓기 바쁩니다. 그러다 보면 주도권을 잡고 싶은 둘째 빨강이가 큰 소리로 엄마를 찾습니다. 그리고 영락없이 자기가 가장 관심받을 만한 이야기로 대화를 이끌어가죠.

이런 난장판 속에서 셋째 노랑이는 어떻게 행동했을까요? 형들이 말하는 것을 들으며 그저 웃고만 있었습니다. 이 유형의 아이들은 사람들 속에서 조용히 지내는 것에 안정감을 느낍니다. 심지어 원하는 것을 찾기 바쁜 유아 시절에도 먼저 말을 거는 일이 없었죠.

빨강이와 파랑이가 말을 쏟아내던 도중, 노랑이가 무슨 말을 하고 싶어 망설이고 있었습니다.

(노랑이) 엄마, 있잖아요…. 그게…. 아니에요.

(엄마) 뭔데? 말하려다가 말면 엄마가 정말 궁금하잖아.

(노랑이) 아니, 별거 아니에요. 나중에요.

(엄마) 알았어. 생각했다가 꼭 말해줘? 그런데 엄마는 오늘 정말 놀라서 심장이 두근거리는 일이 있었어. ①

(노랑이) 뭔데요?

(엄마) 우리 반 준영이랑 상민이가 체육 시간에 피구를 하다 서로 부딪혔어. 그래서 한 명은 머리에, 한 명은 눈두덩이 쪽에 멍이 들었거든? 정말 많이 놀랐는데 아이들 앞에서 놀란 티도 못 내고 말이지! (중략)

그렇게 오늘 제가 겪은 일을 편안하게 풀어 놓았습니다. 빨강이와 파랑이는 저녁을 먹을 동안 하고 싶은 말을 다 했는지 금세 일어났지만, 노랑이는 덩그러니 앉아 제 이야기를 들어주었죠. 그러던 중 뭔가 생각났다는 듯 갑자기 말을 꺼냈습니다.

(노랑이) 엄마, 오늘 학교에서 우리 반 범준이가 물통을 돌리다 내 얼굴을 때렸어요. ②

(엄마) 에고! 그랬어? 얼마나 아팠을까?

(노랑이) 아파서 눈물도 났는데, 사람이 많아서 꾹 참았어요. 근데, 엄마. 그 친구가 사과했어요. 그래서 괜찮아졌어요.

(엄마) 그랬구나. 친구가 사과해서 다행이다. 우리 노랑이도 그 친구에게 괜찮다고 말해줬니?

노랑이들은 다른 사람의 말을 잘 들어주는 좋은 청자입니다. 하지만 정작 자기 속에 담고 있는 말은 잘 꺼내지 않죠. 노랑이의 속내를 듣고 싶다면 위의 대화 속 ①번처럼 부모가 먼저 자기 이야기를 꺼내야 합니다.

즐거웠던 일도 좋지만 실수한 것이나 깜짝 놀란 일, 때로는 일과 중에서 힘들었던 일들을 꺼내는 것도 좋아요. 이렇게 스스럼없이 일과를 말해 주면, 노랑이 같은 아이는 내 이야기도 할 만하겠다는 안도감을 느끼니까요. 시간은 좀 걸려도 ②번처럼 결국엔 자신의 이야기를 꺼내며 대화에 참여하게 됩니다.

우리가 아이와 대화할 수 있는 시간은 한정적입니다. 아침에 분주할 때, 일하고 돌아와 지친 몸으로 밥을 해줄 때 등이죠. 어떤 부모님들은 이렇게 힘들 때 노랑이들의 느릿한 말투와 태도를 보고 윽박지르곤 합니다. 하지만 그럴수록 아이의 마음을 알 기회가 더 줄어들게 됩니다.

노랑이들과 대화할 때는 인내심을 가지고 끝까지 들어주세요. 마음을 열고 이야기할 수 있도록 기다리고, 이야기를 잘 듣고 있다는 것을 태도로 보여줘야 아이가 안심하고 자신의 이야기를 이어갈 수 있습니다.

대화는 서로의 이야기를 주고받으며 신뢰를 쌓는 중요한 시간입니다. 그리고 부모의 작은 배려와 관심은 내향적인 아이에게 큰 힘이 될 수 있어요. 이렇게 부모의 꾸준한 관심과 이해가 쌓이다 보면 아이의 자신감과 성취력을 키우는 큰 디딤돌이 놓일 것입니다.

친구가 적다고 걱정하지 마세요

: 친구의 말을 꼼꼼히 안아주는 인기 만점 노랑이!

노랑이를 첫 아이로 둔 부모님들은 초등학교에 입학할 때, 혹은 학년이 올라갈 때마다 걱정이 많습니다. 그 이유는 아이가 말이 적은 것, 때때로 보여 주는 소심한 모습 때문입니다. 이런 걱정을 떨쳐내기 위해 부모가 다양한 노력을 기울이는 것도 비슷합니다.

가장 흔한 모습은 친구를 만들어 주기 위해 적극적으로 나서는 것입니다.

(엄마) 노랑아, 너 학교에서 누구랑 친하니?

(노랑이) 응…. 짝꿍 시영이? 뒤에 앉은 명호?

(엄마) (반가움에) 그래? 잘됐네.

(노랑이) 근데, 엄마. 걔들이랑 특별히 이야기를 많이 하지는 않아. 그냥 그래.

(엄마) 아…. 혹시 노랑아, 반에서 친해지고 싶은 친구 없어? 저번에 보니까 태준이랑 하교하던데, 그 친구 활달하고 공부도 잘한다면서? 우리 집에 한번 데려와 봐!

(노랑이) 걔 친구 많아요.

(엄마) 그렇구나. 노랑이를 괴롭히거나 힘들게 하는 친구는 없어?

(노랑이) 없어요.

부모가 활발하고 외향적인 성격이면 위와 같이 어떻게든 아이의 친구 관계를 위해 노력하게 됩니다. 친구들과 연락처를 주고받거나, 노는 일들이 드물어서 '혹시 우리 아이가 친구들로부터 소외된 것이 아닐까?'라는 걱정부터 드니까요. 그래서 아이 주변의 활달한 아이를 눈여겨보았다가 어떻게든 엮어주고 싶어 놀이터에서 간식도 사 먹이면서 무리에 섞일 수 있도록 노력을 기울입니다.

물론 이러한 부모님의 노력은 결코 나쁘지 않습니다. 그런데 필요 이상으로 걱정하거나 아이의 행동에 관여하지 않았으면 합니다. 노랑이들이 조용히 있다고 해서, 아이들과 활발하게 어울리지 않는다고 해서 왕따는 아니기 때문입니다.

오히려 무리 내에서 주도권을 잡으려는 빨강이나 재미를 우선시하는 파랑이들이 친구들로부터 일시적인 따돌림을 받거나 때로는 주는 아이들일 때가 많습니다. 관계 형성을 중요하게 생각하고 항상 어울려 다니는 만큼 부딪힐 일도 많은 것이죠.

그러면 노랑이는 정말로 친구가 없어도 괜찮다고 생각하는 걸까요? 노랑이는 기질상 에너지가 많지 않아서 처음부터 놀이터나 학교에서 뛰어놀지는 않습니다. 이런 모습이 부모 눈에는 다소 위축되어 보일 수 있지만, 아이들과 어울리는 것을 겁내는 성향은 아닙니다. 단지 함께 놀 친구를 탐색하며 조심스럽게 지켜보고 있을 뿐입니다. '저 친구들 참 재미있게 노네?', '나도 좀 놀고 싶은데, 언제쯤 끼어 놀 수 있을까?', '나한테 같이 놀자고 할 만한 친구는 없나?' 같은 생각을 하는 중이죠.

이럴 때 부모가 나서서 억지로 놀이에 끼우거나 친구를 만들어 주려고 하면 경계를 넘었다고 생각해 고집을 부릴 수 있습니다. '달리는 말에 채찍질하지 말라.'는 말처럼, 아이가 스스로 친구를 사귀고자 하는 마음을 기다려 주지 않으면 오히려 의지가 꺾일 수 있으니까요. 부모는 아이를 조용히 지켜보며 필요할 때 차근차근 조언해 주는 것이 좋습니다.

> (엄마) 노랑아, 노랑이도 꼬리잡기 놀이해 볼래?
> (노랑이) 네, 조금 이따가요.
> (엄마) 그러면 조금 지켜보다가 친구한테 다가가서 말해 보도록 하자.
> '안녕' 인사하고, '나도 잡기 놀이하고 싶어. 같이 하자.'라고 말해
> 보는 거야.
> (엄마) 알았어요.

노랑이는 부모가 위와 같이 말하며 일러주더라도 선뜻 나서지 않습니다. 대신 자신을 차분하게 놀이로 이끌어 줄 친구를 살펴보고, 자연스럽게 놀이에 끼어드는 아이입니다. 그때까지 믿고 기다려주세요.

도전 의식을 북돋는 다정한 말

: 섬세한 칭찬으로 만드는 열정 사다리

빨강, 파랑이와 비교했을 때 노랑이의 열정은 다소 약한 편입니다. 그래서 어떤 유형의 아이보다도 계단식 칭찬이 더 필요합니다. 아주 쉬운 부탁부터 시작해서 조금씩 더 어려운 활동을 알려주고, 아이의 성공에 대해 구체적으로 칭찬해 성취욕구와 도전 정신을 키워줘야 합니다.

아이에게 책상 정리를 요청했다고 상상해보세요. 노랑이는 행동이 느린 편이라 청소를 마치지도 못했고, 중간에 피곤함을 호소하며 드러누운 상황입니다. 이럴 때 어떻게 반응해야 할까요? 빨리 일어나서 청소하라고 윽박지르거나, 대신 청소를 해줘도 안 됩니다. 먼저 노랑이가 청소한 부분을 확인하고, 노력했다고 칭찬해줘야 합니다.

(엄마) 노랑아! 청소했네? 책도 바르게 잘 꽂아줘서 나중에 쉽게 찾겠는걸? 정말 잘했어. 그런데 이 연필이랑 색연필은 아직 정리 안 한 거지?

(노랑이) 네, 조금 쉬다가 할게요. 힘들어요.

(엄마) 그래 알았어. 쉬다가 몇 시쯤 다시 시작할 거야?

(노랑이) 8시 30분쯤요.

위의 대화를 무사히 마쳤어도 노랑이는 끝까지 정리하지 못할 수 있습니다. 하지만 그때마다 정리한 것을 자세히 짚어주고 칭찬해주세요. 빨리하라고 압박이나 재촉하지 않고 차근차근 탑을 쌓는 것처럼, 느린 것을 이해하며 칭찬으로 그다음 단계를 도전하게 만드는 것이 '핵심 대화 기법'의 기초입니다.

● 아이에게 선물하는 꼼꼼한 격려

'친구가 적다고 걱정하지 마세요'에서 엄마가 충분히 기다려 주면 노랑이도 친구들 사이에 낄 수 있다고 설명했습니다. 하지만 아이가 용기를 내어 한 번은 다가갔어도, 예기치 못한 다툼이나 일정 때문에 의욕이 이어지지 않을 수도 있죠. 이럴 때는 그 모임에서 노랑이가 어떤 모습이었는지, 얼마나 잘 놀고 있었는지 콕 집어 설명해줘야 합니다. 엄마의 설명이 자세할수록 아이의 의욕이 화르르 불타오를 수 있어요.

(노랑이) 엄마, 목말라요. 물 마시러 왔어요.
(엄마) 그래, 우리 노랑이. 어떻게 그렇게 용기 있게 끼어들 수 있었어?
(노랑이) 쉽던데요? 같이 놀자고 했더니 바로 끼워 줬어요!
(엄마) 그래, 먼저 얘기하길 정말 잘했다, 노랑아!

아무것도 아닌 것 같지만, 기다림이 길어서인지 노랑이가 다른 아이들과 노는 모습은 늘 감동스럽습니다. 또 이렇게 물꼬를 터 두면 크게 걱정할 필요가 없는 것도 노랑이들의 장점입니다. 앞에서도 말한 것처럼 활발하고 에너지가 넘치는 빨강, 파랑이는 쉽게 무리를 만들거나 합류할 수 있지만 그만큼 다툼과 갈등도 많습니다. 그런데 노랑이들은 웬만하면 갈등을 일으키지 않기 때문에 다른 친구들이 편안함을 느껴서 한 번 친해지거나 관계를 맺으면 아주 오래 가는 편이니까요. 이런 사소한 부분도 잘 관찰하고 칭찬해서 새로운 집단과 자신 있게 어울릴 수 있도록 도와주는 것이 좋습니다.

● 항상 보고 있다는 것을 알려주세요

노랑이들은 마음 깊은 곳에 '칭찬과 긍정적 반응, 관심과 사랑'을 원하는 마음을 잔뜩 숨겨둔 부끄럼쟁이입니다. 아이러니하게도 이런 마음을 표현하는 데 서툴러서, 칭찬과 관심을 적극적으로 요구하는 다른 유형의 형제자매에게 관심을 빼앗기기도 합니다.

> (엄마) 빨강아, 너 정말 대단하다. 어떻게 그렇게 할 수 있었니?
> (빨강이) 그렇죠? 제가 오늘만 그런 게 아니라 다른 때도 늘 그렇다니까요.
> (엄마) 그래, 그래. 빨강이 아주 잘했다.

이 대화처럼 빨강이나 파랑이를 칭찬해주면 즉각적으로 반응이 돌아오다 보니, 부모도 무의식중에 이 아이들을 더 칭찬하게 됩니다. 반면 노랑이들은 칭찬받아서 기분 좋다는 것을 많이 드러내지 않아 조금 소홀해질 수 있죠. 그러니 이 부분을 조금 더 신경 쓰고 알아주셨으면 합니다. 노랑이들은 쑥스러워하지만, 내면에서는 웃음과 자신감의 씨앗이 무럭무럭 자라고 있다는 사실을 말이죠.

노랑이들을 위한 맞춤형 행동 코칭

빨강이와 파랑이의 행동 코칭에서는 넘치는 활력을 올바른 방향으로 유도하는 방법이 많았습니다. 하지만 노랑이는 워낙 활력과 의욕이 적어서 다른 일을 시도할 때 필요한 능력들을 키울 '기회 제공'에 목표를 둡니다.

● **운동을 통한 체력과 자신감 보완**

노랑이는 아기일 때부터 얌전하고 이유식도 잘 받아먹는 편입니다. 빨강이와 파랑이에게 밥을 줄 때마다 전쟁을 치른 것과는 다른 모습이죠. 하지만 그만큼 운동능력이 좋은 편이 아닙니다. 타고난 몸치일 수도 있지만 어릴 때부터 움직이기 싫어하고 조금만 힘들면 쉽게 포기하는 성격 때문에 운동능력이 쌓일 기회가 없었을지도 모르니까요. 이것이 노랑이에게 유연성, 순발력, 지구력 등의 체력을 길러줘야 하는 이유입니다.

'도전 의식을 북돋는 다정한 말'에서 단계별로 책상을 정리시킨 걸 떠올려보세요. 운동도 마찬가지입니다. 한두 가지 운동을 단계별로 세세하게 나누어 과제를 주고, 성공할 때마다 아낌없이 칭찬하면서 아이의 의욕을 유지해야 합니다. 예를 들면, 줄넘기를 시키고 일정한 목표가 적힌 '인증 수첩'도 만들어 주는 겁니다. 그리고 목표를 달성할 때마다 보상이 뒤따르면 더 열심히 운동하겠죠.

운동에는 다양한 종목이 있지만, 먼저 아이가 좋아하는 운동으로 시작하는 것이 중요합니다. 그 운동으로 기초체력을 쌓고, 비슷하거나 연관이 있는 운동 3가지~4가지를 골라 아이가 직접 선택하도록 하면 아이의 자발성과 흥미를 동시에 만족시킬 수 있습니다.

● 습관적으로 선택할 기회를 주세요

노랑이는 기질적으로 판단과 결정을 피합니다. 그래서 우유부단하다고 생각하고 답답해하는 부모님도 많아요. 아이가 좀 더 독립적으로 결정할 수 있기를 바란다면 어릴 때부터 아래와 같은 말로 스스로 결정할 기회를 주세요.

"엄마는 잘 모르겠다. 노랑이 너는 어떻게 생각해?"
"너는 어떻게 했으면 좋겠니?"
"너는 무엇을 먹고 싶니?"
"너는 이 일을 어떻게 생각하니?"

노랑이들이 스스로 무언가를 선택하고 수행할 능력을 갖추면, 어떤 유형의 아이보다 역량 있는 아이로 자랄 수 있습니다. 기본적으로 성실함과 배려심을 갖추고 있는데, 결단력까지 가지고 있다면 어떤 조직 안에서도 인정받으며 멋지게 살아 나갈 것입니다.

● 집에서는 리더가 될 기회를

노랑이들은 제가 집과 학교에서 가장 많이 신경 쓰고, 꾸준히 대화하는 유형입니다. 특별한 일이 없다면 원만하게 학교와 가정생활을 해 나가지만, 선생님의 무심한 한 마디나 친구와의 다툼, 부모님의 압박에 상처받고 스트레스가 쌓이면 은둔하거나 회피하는 외톨이가 될 수 있기 때문입니다.

그래서인지 저는 수업 시간에 쉬운 문제가 나오면 노랑이들을 부르곤 합니다. 본문에서 말한 것처럼 쉬운 과제를 통해 꾸준히 성공체험을 쌓아야 하니까요. 학기 초에는 목소리도 떨리고 쑥스러워하다가 경험이 쌓이면 서서히 자신감에 찬 모습을 보여 줍니다.

그렇다면 집에서는 어떻게 이런 체험을 시켜줄 수 있을까요? 바로 가족회의 등을 주도할 기회를 주는 것입니다. 저는 아이들이 어릴 때부터 가족회의나 감사 말하기 모임을 자주 가졌고 이때 가장 많이 성장한 아이가 바로 셋째 노랑이였습니다.

가족회의가 거창하거나 복잡할 필요는 없습니다. 처음 시작할 때는 엄마나 아빠가 시범을 보여 주고, 모일 때마다 돌아가면서 진행자를 맡았어요. 또 나이와 언어 능력에 상관없이 서로의 의견을 존중해 주면 충분합니다.

(아빠) 지금부터 5월 가족회의를 시작하겠습니다. 이번 가족회의 제안은
누가 어떤 내용으로 했지요?

(노랑이) 가족 간의 말투나 행동에 대해서 제가 제안했어요.

(아빠) 자세하게 말해 줄 수 있나요? 어떤 일이 있었는지 구체적으로
말해 주세요.

(노랑이) 요즘 형이나 동생과 많이 부딪혔는데, 주로 아무 이유 없이
몸을 부딪치거나 민감하게 소리치는 경우가 있었어요. 그러다
싸우게 되고요…. (중략)

(아빠) 오늘 이 문제에 관해 이야기 나누는 것 동의하나요?

(가족들) 네, 동의합니다.

(아빠) 그러면 이 부분에 대해서 돌아가며 자신의 의견과 해결책을 말해
보도록 할게요. (중략)

● 휴식과 감정은 언제라도 솔직하게

노랑이들은 스트레스를 받았거나 지쳤을 때 쉽게 포기하거나 쉬고 싶
어 합니다. 이럴 때 '한 번만 더 하자.', '조금만 더 하면 돼.'처럼 말해선
안 됩니다. 아이의 쉬고 싶은 마음을 이해하고 받아주는 것도 중요하니
까요. 우리가 아이를 이해해줘야 아이도 자신의 감정을 솔직하게 말해
줍니다. 여기서부터 신뢰를 쌓아두어야 해요.

(노랑이) 엄마, 오늘 학교에서 너무 힘들었어요.

(엄마) 그래, 힘들었구나. 어떤 점이 힘들었는지 이야기해줄래?

(노랑이) 수업도 힘들었고, 친구들이랑 싸웠어요.

(엄마) 그랬구나. 오늘은 좀 쉬고, 내일은 더 나아질 거야.

네가 어떤 기분인지 이야기해줘서 고마워.

위의 대화문처럼 아이가 "오늘은 너무 피곤해요."라고 말하면, 그 말에 공감하고 위로해주면 충분합니다. 공감을 얻은 아이는 감정을 솔직하게 표현할 테니까요. 이런 과정을 통해 아이 스스로 자신의 감정을 이해하고 조절하는 능력을 기를 수 있습니다.

노랑이 맞춤형 행동 코칭 팁

30분만 더 타면 오늘 컴퓨터 맘껏 할 수 있어!

운동을 통한 체력과 자신감 보완

엄마가 준 기횐데…. 내가 뭘 골라야 할까?

아이에게 선택할 기회 주기

엄마, 오늘 학교에서 너무 힘들었어요.

그러니? 어떤 점이 힘들었어? 엄마는 노랑이가 솔직하게 말해줘서 고맙네.

휴식과 감정은 언제나 솔직하게

CHAPTER 04

겁쟁이지만
누구보다 섬세한 예술가로

우리 아이가 이상해요. 어려서는 그런가 보다 했는데, 초등학생이 되어서도 혼잣말로 중얼거려요. 그리고 가끔 혼자 웃기도 해요. 혹시 큰 문제가 있으면 어쩌죠?

미리 보는 엄마표 마음처방전

지극히 정상입니다. 특히, 이 유형의 아이는 다른 유형에 비해 혼잣말이 많은 편이에요. 이 시기의 혼잣말은 집중할 때나 무엇인가를 외워야 할 때, 문제를 풀 때 자연스럽게 나오는 것이니 걱정하지 마세요.

엄마는 모르는 보랑이의 학교생활

드디어 'O.A.S.C 기질 분류'의 마지막인 C 유형(이후 보랑이)들의 이 야기입니다. 낯선 환경과 사람을 불안해하며 겁도 많지만, 한편으론 꼼 꼼하고 책임감도 강한 단단한 심지를 가진 아이입니다. 또 예민한 만큼 호기심도 많아서 자기에게 맞는 환경이라면 뛰어난 지성을 자랑합니다. 이렇게 섬세한 보랑이들이 어떻게 학교생활을 하는지 알아봅시다.

● 예민하고 불안한 첫인상

새 학년을 맞아 아이들의 얼굴을 둘러보면 그중에서 유난히 부끄러워 하는 아이가 보입니다. 눈도 못 마주치고 책상 위의 연필이나 지우개를 만지작거리며 주변을 둘러보다가 이내 고개를 떨구고 책을 읽는 척하는 아이. 보랑이들의 첫인상입니다.

극도로 내향적인 성격이면서 주위에 대한 호기심과 경계심이 강하기 때문에 심하면 어린이집이나 유치원, 초등학교에 들어갈 때마다 분리불 안 증세를 보이기도 하죠. 그래서 언제나 낯선 환경에 가기 전에는 담당 자들과 충분히 이야기를 나누며 그 장소나 주변 환경을 숙지해야 합니다.

만약 초등학교에 입학한다면 아이와 함께 등굣길을 몇 차례 다니면서 낯설고 어색한 감정을 낮추고 즐거운 경험을 만들어 주세요. 물론 학교 안까지 들어가 교실을 둘러보는 것이 가장 좋지만, 입학 전에 경험하기는 쉽지 않습니다. 유치원이나 어린이집에서 단체로 초등학교에 방문하는 경우가 아니라면 따로 내부에 들어가기 어려운 게 사실입니다.

이럴 때는 신입생 예비소집일을 충분히 활용하세요. 공식적으로 학부모와 학생이 학교에 얼굴을 비춰야 하는 날이라 여러 층을 돌아다니지는 못하더라도 복도를 함께 걸어 본다거나 화장실을 둘러보는 등 간단한 활동은 가능합니다. 정말 낯가림이 심하다면 6살이나 7살 때 진학할 초등학교의 병설 유치원에 들어가 한두 해 정도 미리 학교나 교실 환경을 경험하는 것도 좋습니다. 물론 정말 극단적인 경우에만 써야겠지만요.

● 궁금한 건 참지 못하는 세심한 관찰자

가족들이 나들이를 갔을 때 발맞춰 가지 못하는 두 유형이 있습니다. 바로 노랑이와 보랑이입니다. 조금 다른 점이 있다면 노랑이들은 원래 좀 행동이나 걸음이 느려서 처지지만, 보랑이들은 넘치는 호기심 때문에 늦는다는 점이죠.

이런 모습은 주변 동식물을 관찰해야 하는 3학년 과학 수업에서 두드러집니다. 빨강이들은 배추흰나비를 더 멀리 날려 보내는 것에 집중하고, 파랑이들은 친구들과 장난치고 놀기 위해 수업과제를 빨리 해결하는 데에 몰두하죠. 또 노랑이들은 마음이 맞는 친구끼리 모여 소곤소곤

이야기를 나눕니다. 방향은 달라도 모두 친구와 어느 정도 교류합니다.

하지만 보랑이들은 다릅니다. 예를 들어 바닥에 기어 다니는 개미를 관찰하느라 쪼그려 앉아 있고, 처음 보는 동식물을 정신없이 살피는 경우가 많습니다. 만약 학교나 집에서 동식물을 키운다면 책임감과 함께 끝까지 잘 키워낼 기질의 아이입니다.

● 까다로운 입맛의 소유자

보랑이들은 예민한 성격만큼 섬세한 미각과 후각을 가진 경우가 많습니다. 그만큼 음식의 맛과 냄새에 민감해서 특정한 음식만 먹거나 먹지 않을 때가 많죠. 또, 예민한 후각 때문인지 비염으로 고생하는 아이들이 많은 것도 특징입니다. 그럼 어떻게 보랑이들의 예민함을 낮추고 섬세함만 살릴 수 있을까요?

① 미리 음식 설명해 주기: 새로운 장소에 가기 전 부모님과 미리 가보는 것처럼, 색다른 음식을 만나기 전에 미리 그 맛과 재료, 영양소 등을 설명해 주면 빠르게 받아들입니다.

② 천천히 적응시키기: 미리 설명한 음식이더라도 조금씩 양을 늘리며 자기만의 속도로 익숙해질 시간을 주어야 합니다.

③ 비염 치료해주기: 예민한 후각 때문에 각종 알레르기나 비염으로 고생합니다. 마스크 등 적절한 조치를 통해 후각을 둔감하게 해줄 필요가 있습니다.

● 이해할 때까지 질문하는 아이

보랑이들은 정확성과 논리성, 합리성, 완벽성을 추구하는 경향이 강합니다. 그래서 다른 친구가 짜증을 낼 정도로 같은 질문을 반복하는 경우가 많아요. 하지만 확실한 답변을 듣기 전까지 불안해하기 때문에, 빠르게 대응해줘야 아이의 호기심을 잘 키워낼 수 있답니다.

아래에 몇 가지 대응 방법을 준비했지만, 평소에 아이가 눈을 빛내던 것들을 기억했다가 전달하는 것도 좋습니다.

① 명확한 답변 제공: 아이가 질문할 때마다 가능한 한 명확하고 일관된 답변을 주어야 합니다.

② 부가 설명: 아이가 이해하기 어려운 개념이 있다면 부가 설명을 통해 이해할 때까지 설명해야 합니다. 또 이 설명이 다음 질문으로 이어지도록 조금 어렵게 설명해도 좋습니다!

③ 질문-답변 노트 만들기: 똑같은 질문을 줄이고 새로운 질문을 할 수 있도록 함께 '질문-답변 노트'를 만들어 주세요. 아이 스스로 필요할 때 노트를 참고하는 자기 주도적 공부 습관을 만들 수 있습니다.

● 수학, 과학책을 좋아하는 아이

보랑이들은 지적 호기심이 많고 상상력이 풍부합니다. 특히 논리적인 사고를 바탕으로 문제를 푸는 것을 좋아해서 수학과 과학 관련 도서를 즐겨 읽습니다. 이때 어떻게 대처하는지에 따라 아이의 전략 과목을 만들어 줄 수 있겠죠? 세 가지 추천 대처법을 준비했습니다.

① 관련 도서 제공: 연령대에 맞게 재미있는 수학, 과학 관련 도서를 제공하여 아이의 호기심을 충족해 줍니다.

② 실험 활동: 과학 실험 키트를 이용해 직접 실험하도록 도와줍니다. 이런 색다른 학습 경험을 통해 좀 더 도전적이고 적극적인 태도를 만들어 줄 수 있습니다.

③ 문제 해결 기회 제공: 다양한 수학 문제나 퍼즐을 통해 논리적 사고를 키울 수 있도록 기회를 줍니다.

● 오랫동안 혼자 흐느끼며 우는 아이

보랑이들은 어떤 일을 겪었을 때 바로 감정을 표현하지 않고 속으로 끌어안는 경우가 많습니다. 그리고 그 감정이 임계점을 넘으면 혼자 오랫동안 흐느끼곤 하죠. 예를 들어, 4교시부터 우울한 표정이었던 보랑이가 급식 시간에 갑자기 울음을 터트리는 것처럼요. 보통은 친구와의 사소한 갈등에서 시작된 감정을 제대로 풀지 못해서 벌어지는 일입니다.

① 기다림과 대화 유도: 먼저 아이가 편안함을 느낄 수 있도록 잠시 기다려주세요. 아이가 말할 준비가 끝났다고 생각되면 천천히 대화를 유도하여 감정을 표현하게 도와주는 것이 좋습니다.

② 적극적인 공감: 앞에서 끌어낸 아이의 감정에 공감하며 이해하는 모습을 보여주세요. 아이가 겪은 일을 이야기할 때 "그랬구나, 정말 속상했겠다."처럼 추임새를 넣어주면 더 빠르게 감정을 해소할 수 있습니다.

이처럼 보랑이들은 예민하고 신중한 성향을 가지고 있습니다. 교실이나 집에서 이러한 특성을 이해하고 존중해 주는 것이 중요합니다. 아이의 감정을 잘 살피고, 적절한 방법으로 지원해주면 보랑이들도 학교생활을 즐겁고 의미 있게 보낼 수 있을 테니까요.

마음의 문을 여는 기다림의 힘

: 아이의 예민함을 섬세함으로 바꾸는 대화

앞에서 말해 온 것처럼, 보랑이들은 주위 환경이나 주변 사람들의 감정 변화, 말투 같은 사소한 변화에 정말 민감합니다. 게다가 자신의 감정을 잘 내색하지 않아서 대화를 이어가는 것이 쉽지 않습니다. 기분이나 감정을 읽기 힘드니 표정이나 행동을 잘 관찰해야 하니까요.

그나마 다행인 것은 불편한 일을 기쁜 것보다 잘 드러낸다는 점입니다. 이 나이대의 아이들은 긍정적인 부분을 늘리는 것보다 부정적인 부분을 줄이는 것이 더 빠르고 효과적입니다.

예를 들어 중요한 이야기 중 아이와 눈이 마주쳤다고 생각해보세요. 갑자기 아이 눈의 초점이 흐려지거나 미심쩍은 표정을 지었다면, 뭔가 이해가 되지 않거나 의문이 생겼다는 신호입니다. 이럴 때는 하던 말을 잠깐 멈추고 아이가 정확하게 이해했는지 되물어 주세요. 보랑이가 자신의 상태를 빠르게 알아차리고 반응해 주는 부모에게 신뢰감을 가지며 깊은 대화로 이어나갈 수 있습니다.

그렇다면 만약 이렇게 예민한 아이가 기분이 나쁠 때는 어떻게 해야 할까요? 일찍 퇴근한 날 아이 방의 지저분한 책상이 눈에 밟혔습니다.

그래서 공부할 책만 책상 위에 놓고 나머지는 나름대로 정리한 뒤, 바닥까지 쓸고 닦아 주었죠. 그때 보랑이가 집으로 돌아왔습니다. 분명 들어올 때 표정은 나쁘지 않았는데 자기 방에 들어온 순간 얼굴을 굳히며 짜증을 내기 시작합니다.

> (엄마) 보랑아, 무슨 일 있니?
> (보랑이) 몰라!
> (엄마) 얘가 갑자기 짜증이야?
> (보랑이) (눈물을 흘리며)….
> (엄마) 말을 해! 말을 해야 엄마가 무슨 일인지를 알지? 너 진짜 계속
>   이럴 거야?

입을 꾹 닫고 있는 아이를 보면 '부모의 태도도 중요합니다'에서 알아본 부모의 성향에 따라 이보다 더 강하게 꾸짖었을지도 모르겠습니다. 위와 같이 아이가 어떤 이유나 말도 없이 짜증 내거나 울면 정말 답답하니까요. 이럴 때 보랑이의 부모는 어떻게 말해야 할까요? 위의 대화에서 바로 이어가 보겠습니다.

> (부모) 무슨 일인지 모르겠지만, 보랑이 너 진정하고 조금 이따 이야기
>   나누자.
> (아이가 진정한 뒤)
> (부모) 보랑아, 아까는 왜 기분이 안 좋았던 거야?

(보랑이) 내 책상에 있던 물건들 어디 갔어요?

(부모) 서랍장에 잘 넣어 뒀는데, 왜?

(보랑이) 나는 그게 싫었어요. 내 물건인데.

(부모) 아~~! 알았어. 앞으로는 꼭 보랑이한테 먼저 물어볼게.

사실 아이가 위의 대화처럼 자신의 감정을 표현하지 않을 수도 있습니다. 그리고 이때 아이는 속으로 이렇게 말하고 있을지도 모릅니다.

'내 물건을 누가 만지거나 정리하는 거 싫어요. 내 자리는 내가 알아서 정리할 건데, 자꾸 내 구역에 있는 걸 건드리는 게 맘에 걸려요. 기분은 나쁜데 뭐라고 말해야 할지 모르겠고, 엄마가 자꾸 다그치니까 말문이 막혔어요. 말을 하라고 하니, 그냥 눈물만 나왔어요.'

보랑이는 왜 이렇게 자기 물건과 공간에 집착할까요? 남들의 관심이 자기에게 쏠리는 것을 불편해하기 때문입니다. 그래서 공개되지 않는 자신만의 공간을 원하기도 합니다. 학교에서 구석진 자리를 좋아하는 아이가 있다면 보랑이 같은 기질을 가지고 있을 확률이 높습니다. 또한, 자신의 주변 정리도 알아서 잘하는 유형이기 때문에, 충분한 여유를 준다면 자기 방식대로 정리해 갈 아이입니다.

(엄마) 보랑아, 주말에 공원에서 자전거 탈래?

(보랑이) 잘 모르겠어요. 나 자전거 잘 못 타는데 왜 자꾸….

(엄마) 처음에는 조금 어려울 수 있지만, 천천히 배우면 재미있을 거야.
　　　　엄마가 옆에서 도와줄게.

보랑이: 귀찮은데….

(엄마) 엄마가 옆에서 도와줄게.

(보랑이) (망설이며)…네.

(엄마) 걱정하지 말고 천천히 해보자. 네가 잘 할 수 있다고 믿어.

이처럼 일상적인 대화에서도 아이의 감정을 존중하고 기다려주는 태도가 중요합니다. 부모가 먼저 아이의 감정과 생각을 이해하려고 노력하면, 더 편하게 자신의 감정을 말해 줄 거예요. 만약 위의 예시보다 더 대화를 힘들어하면 쪽지에 속마음을 써서 보여달라고 요청해보세요. 진정한 뒤 자기 생각을 정리해서 보여줄지도 모릅니다.

쉿, 지금 생각 정리 중이에요

: 우리 아이의 비밀스러운 집중 루틴, 혼잣말

"우리 아이가 이상해요. 어려서는 그런가 보다 했는데,

초등학생이 되어서도 혼잣말로 중얼거리고요.

그리고 가끔 혼자 웃기도 해요. 혹시 진료가 필요할까요?"

보랑이 부모님들이 가장 많이 하는 걱정입니다. 하지만 혼잣말을 하는 것은 문제가 될 수 없습니다. 아동교육과 발달에 큰 발자취를 남긴 구소련의 심리학자인 레프 비고츠키$^{Lev\ Vygotsky}$의 주장을 보면 무슨 말인지 이해하실 수 있을 거예요.

그는 아이의 인지능력이 발달할 때 그동안 보고 들었던 모든 것을 빠르게 익힐 수 있도록 도와주는 것이 바로 '말'이라고 생각했어요. 아이는 어른들이 했던 행동이나 말을 따라 하며 자신만의 생각을 키우고, 혼잣말은 그 생각을 내 것으로 정리하는 과정에서 나온다는 거죠. 그리고 아이가 나이를 먹을수록 혼잣말은 속삭임을 거쳐 입술이나 눈썹의 움직임으로 변한다고 말했답니다.

또 '영리한 아동일수록 혼잣말을 더 많이 사용한다.'라는 스위스의 심

리학자 장 피아제$^{Jean\ Piaget}$의 주장도 있습니다. 혼잣말이 미성숙의 증거가 아니라 오히려 아이의 인지적 능력을 보여준다고 할 수 있어요. 너무 걱정하지 않으셨으면 합니다.

그렇다면 아이는 어떤 때 혼잣말을 많이 할까요?

첫 번째는 집중이 필요할 때, 그 관심을 유지하기 위해서 하는 혼잣말입니다. '난 이것에 집중해야 해. 지금 중요한 것을 하고 있으니까.'라는 의미가 있어요. 운동선수들이 혼잣말로 집중을 끌어올리는 것과 똑같은 거죠.

두 번째는 무언가를 외워야 할 때, 새로운 정보를 받아들이는 과정에서 나오는 혼잣말입니다. 여러분이 전화번호를 외울 때 되뇌는 모습이나 시험을 앞두고 원소주기율표, '태정태세문단세'같은 조선 왕조 계보를 말하는 모습을 생각해보세요.

세 번째는 문제를 해결할 때 나오는 혼잣말입니다. "이건 무엇을 묻고 있는 거지? 어디부터 살펴보면 좋을까? 이 고장의 원인은 여기부터 보면 되겠지?"처럼 문제를 해결하기 위해 자신에게 질문하는 형태입니다.

위에 적은 우리가 혼잣말하는 모습의 예시를 생각해보면, 생각보다 아이의 혼잣말은 큰일이 아니라고 느껴지지 않나요? 그저 다른 아이들과 조금 다르단 이유만으로 정상적인 발달과정에서 나오는 모습을 교정해야 하는 것으로 바라보고 있었을지도 모릅니다. 다음부터 아이가 혼잣말하면 이렇게 말해 보세요.

(부모) 지금 혼잣말로 뭘 생각하고 있는 거니?

(보랑이) 이 블록을 쌓으려고 하는데, 어떻게 쌓아야 더 높이 올라갈지
고민 중이에요.

(부모) 아, 그래서 혼자 말하면서 생각을 정리하고 있었구나. 네가 이렇게
스스로 문제를 해결하려고 하는 게 정말 멋지다. 혹시 도움이
필요하면 말해도 좋아. 네 방식대로 해도 괜찮아.

(보랑이) 네, 아직은 내가 생각하면서 해볼래요.

이 대화를 통해 엄마나 아빠가 아이의 혼잣말을 존중하고 있다는 것을
알려줄 수 있습니다. 또 아이 스스로 문제를 해결할 능력도 길러줄 수 있
죠. 이런 대화가 쌓여나가면 예민함은 섬세함이 되고, 스스로 조절하고
해결하는 능력도 가지게 됩니다.

③

그림, 우리 아이 마음을 부탁해

: 아이 마음을 단단하게 해주는 쓰담쓰담 그림 상담실

MBC에서 방영했던 〈공부가 머니?〉라는 프로그램은 당시에 꽤 화제가 되었습니다. 입시와 교육 전문가들의 유용한 팁 때문인지는 몰라도 5.2%라는 준수한 시청률도 기록했죠. 저는 이 프로그램에서 '카이스트 영재교육원' 부원장님의 말이 오랫동안 기억에 남았습니다. '카이스트'의 대학생들에게 '엄마 말 듣길 잘했다 싶은 적은?'이라고 묻자, 대부분이 '악기 배운 거요~'라는 답을 얻었다는 내용이었어요.

그러면 왜 카이스트의 대학생들은 악기를 좋아했을까요? 그 답은 바이올린을 사랑한 알베르트 아인슈타인Albert Einstein 박사에게서 찾아볼 수 있습니다. 어린 시절부터 바이올린을 배운 아인슈타인은 어려운 문제를 풀 때 바이올린을 켜며 쉬었다고 합니다. 자기가 좋아하는 취미에서 아이디어와 영감을 얻고 연구에 도움을 얻은 거죠.

카이스트 대학생들과 아인슈타인 박사의 공통점을 보고 책의 앞부분, '오아시스 기질·성격 유형과 그 특성'에서 본 보랑이들의 특징이 떠오르신다면 정답입니다. 보랑이들은 예민한 감각과 탁월한 감수성을 가지고 있어서, 음악이나 미술 같은 예체능 계열에서 맹활약할 수 있어요. 또 논리적인 문제 풀이도 즐겨서 수학이나 과학자의 길을 걷기도 합니다.

그리고 자신의 내면세계를 말로나 감정으로 표현하기보다 미술과 음악 등을 통하여 자신의 깊은 마음을 표현합니다. 이 분야를 전공하지 않더라도 취미생활로 만들 수 있다면 정신적 건강에 도움이 됩니다. 아인슈타인 박사처럼요. 그러니 부모님들은 아이가 예술을 통해 자신의 감정과 생각을 자유롭게 표현할 수 있도록 격려해야 합니다.

이제 아이가 그림을 그리고 있다면 이렇게 말해 보면 어떨까요?

> (부모) 지금 그리는 그림이 정말 멋진데, 어떤 생각을 하면서 그린 거야?
> (보랑이) 음… 그냥 느끼는 대로 그렸어요. 요즘 마음이 좀 복잡해서
> 그런가 봐요.
> (부모) 그랬구나. 그림을 그릴 때 기분이 좀 나아지기도 하니?
> (보랑이) 응, 그리고 나면 마음이 조금 가벼워져요.
> (부모) 그럼 앞으로도 그림이나 다른 방식으로 네 감정을 표현해 보는 건
> 어때? 네 감정을 표현할 방법이 많다는 걸 알아두면 좋을 것 같아.
> (보랑이) (친구와의 갈등 상황을 부모에게 자연스럽게 털어놓는다.)

부모가 이런 대화를 시도해주면 아이는 예술로 자신의 복잡한 감정을 풀어낼 수 있습니다. 또 감정이 해소되는 만큼 아이의 예민함을 깊이 있는 감수성과 창의성으로 바꿀 수도 있습니다. 오는 방학에는 아이와 함께 악기를 배워보면 어떨까요?

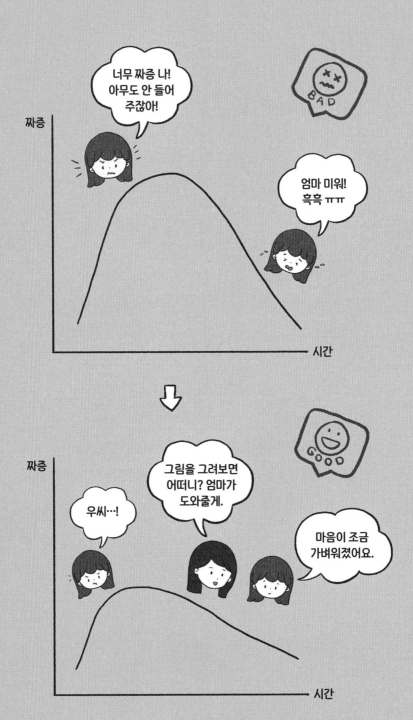

보랑이들을 위한 맞춤형 행동 코칭

보랑이들의 행동 교정은 아이의 내향적이고 신중한 성향을 고려해 세심한 배려와 공감을 바탕으로 이루어져야 합니다. 다른 유형에 비해 특히 날카롭고 예민한 만큼 고생도 많겠지만, 그만큼 극적으로 바뀔 수 있는 아이라는 걸 생각해 주셨으면 합니다.

● 아이의 계획으로 끌어올리는 자기주도성

보랑이는 자기만의 계획과 일정이 정해져 있어야 마음이 편합니다. 우선 정리 정돈부터 공부, 외식, 취미 활동 등에서 아이가 주도적으로 계획을 세울 수 있도록 도와주세요. 이렇게 쌓아둔 자기주도성은 앞으로 공부할 때 큰 밑천이 됩니다.

(부모) 이번 주말에 우리 외식하자고 했는데, 네가 좋아하는 식당을
정해볼래?
(보랑이) 음… 그럼 이번엔 우리가 자주 가는 그 레스토랑에 가요!
7시로 예약해주실 수 있어요?

(부모) 좋아! 이번에는 네가 정한 계획대로 해보자. 엄마가 도와줄 수 있는 건 열심히 도와줄게.

● 아이의 공간 인정하기

보랑이는 자신만의 공간에서 안정감을 느끼며 집중할 수 있습니다. 하지만 여기에 부모님의 인정이 더해지면 스스로 만들었다는 자신감과 함께 더 긍정적인 효과를 기대할 수 있습니다. 이 공간에서 자기만의 활동을 할 수 있도록 최대한 도와주세요.

(부모) 너희 방에 책상이랑 의자 위치를 바꿔 볼까? 아니면 지금이 편해?
(보랑이) 지금 위치가 좋아요. 이렇게 책상에서 창문을 보면 집중이 잘돼요.
(부모) 그렇구나. 네가 편한 대로 하는 게 제일 중요하니까 그대로 두자. 네가 편해야 공부도 잘 될 테니까.

● 무슨 일이 있어도 공평하게!

보랑이는 차별받는다고 느낄 때도 예민하게 반응합니다. 그리고 이런 아쉬움을 쌓아두고 있다가 갑자기 표현해서 부모나 선생님을 더욱 당황하게 만들죠. 모두가 있는 자리에서 차별 없이 대하고 있음을 느끼도록 하는 게 중요합니다. 이때는 직접 물어봐서 보랑이에게 관심이 쏠리게 하기보다, 아이들 사이에서 대장 격인 아이를 뽑아 모두를 확인하는 게 좋습니다.

(부모) 오늘은 어떤 프로그램을 볼까? 오늘은 빨강이가, 내일은 보랑이가

　　　먼저 고르자. 이렇게 번갈아 고르면 공평하겠지?

(보랑이) 네, 그럼 다음 주에는 내가 가장 먼저 골라도 되죠?

(부모) 물론이지. 혹시 불공평하다고 느껴지면 꼭 말해 줘.

● 아이가 말할 때까지 기다리지 마라

　C 유형은 자신의 감정을 드러내지 않고 속으로 삭이는 경우가 많습니다. 이 감정이 끓어올라 터지기 전에 미리미리 김을 빼주는 것도 중요합니다.

(아빠) 학교에서 무슨 일이 있었어? 혹시 신경 쓰이는 일이 있니?

(보랑이) 조금… 친구랑 오해가 있었어요.

(아빠) 그래? 말해줘서 고마워. 그런 일은 그냥 넘기기 어렵지.

　　　어떤 일이었는지 이야기해줄래? 아빠가 함께 생각해볼게.

● 약속은 철저히, 작고 소근대는 대화

　보랑이는 약속이 지켜지지 않으면 큰 스트레스를 받습니다. 아무리 작은 약속이더라도 철저히 지키고, 서로 합의할 때도 부드럽고 조용하게 말하는 것이 중요합니다.

(부모) 보랑아, 우리 이번 주 토요일에 같이 영화 보기로 했는데

　　　잊지 않았지?

(보랑이) 네, 당연히 기억하고 있죠.

(부모) 좋아! 보랑이랑 한 약속은 정말 중요하니까.

● **독특한 사고방식을 인정하자**

보랑이들은 종종 독특한 방식으로 생각하고 문제를 해결하려 합니다. 부모는 아이의 창의적이고 독특한 생각을 존중하고, 이를 표현할 수 있도록 격려해야 하죠.

(부모) 너 오늘 과학 숙제 어떻게 해결했니?

(보랑이) 나는 이렇게 해결했는데, 다른 애들은 나랑 다르게 생각하더라고요. 근데 내가 생각한 것도 맞거든요.

(부모) 정말 흥미로운 방법이네! 그렇게 다르게 생각해보는 게 중요해.

● **백 명의 어색한 친구보다 한두 명의 친한 친구!**

보랑이들은 많은 친구를 사귀기보다 진짜로 친한 친구와 깊은 관계를 맺는 것을 선호합니다. 억지로 다른 친구를 붙여주기보다 아이가 진정으로 신뢰할 수 있는 친구를 사귈 수 있도록 격려해 주세요.

(엄마) 요즘 친구들하고 잘 지내? 누구랑 가장 친해?

(보랑이) 지민이랑 가장 친해요. 얘기할 때 서로 잘 통하고요. 일단 편해요.

(엄마) 그런 친구가 있다는 건 정말 소중한 일이야. 네가 편하게 이야기할 수 있는 친구가 있어서 엄마도 기뻐.

위의 특징과 대화를 읽다 보면 보랑이들이 원하는 상황이 무엇인지, 그리고 어떻게 말해줘야 할지 알 수 있습니다. 언제라도 세심한 배려와 격려를 할 수 있도록 준비해주세요. 때때로 보랑이에게는 다른 아이들에게라면 독이 될 수도 있는 맹목적인 믿음이 필요한 순간이 오니까 말입니다.

보랑이 맞춤형 행동 코칭 팁

이게 이번 주
TV 채널 선택 순서야!
알겠지?

〈이번주 TV 선택권〉

빨강이 3

파랑이 1

노랑이 4

보랑이 2

무슨 일이 있어도 공평하게!

아이가 말할 때까지 기다리지 마라

두 아이를 영재교육원에 보낸 자소서 작성 꿀팁!

영재교육원 2차 전형의 자기소개서는 단순한 글쓰기가 아닙니다. 자녀가 자신의 열정과 목표를 드러낼 중요한 기회지요. 부모는 자녀의 강점과 성향을 잘 파악하고 이를 어떻게 표현할지 조언할 수 있습니다. 자기소개서 작성에 도움이 될 6가지 핵심 팁을 저희 아이들이 작성했던 실제 자기소개서를 토대로 설명하겠습니다.

1. 지원 이유 분명하게 쓰기

자기소개서에는 왜 이 분야에 지원하게 되었는지 구체적인 계기와 목표를 명확히 표현하는 것이 중요합니다. 자녀가 평소에 가졌던 관심을 진로와 연결해 지원 동기를 진솔하게 드러내도록 도와주세요.

자소서 예시

저는 어렸을 적부터 로봇 조립이나 코딩, 발명 등에 관심이 많았기 때문에, 누군가가 '넌 꿈이 뭐야?' 하고 물으면 '내 꿈은 발명가야!'라고 당당히 말할 수 있었습니다. 초등학교 1학년 때까지는 다른 사람을 돕는 것이 좋아서 사회복지사가 되고 싶었지만, 초등학교 2학년이 되어 '아이언맨'이라는 영화를 보고 제 꿈이 바뀌었습니다. 주인공이 가상공간에서 다양한 로봇을 만드는 장면을 보며 '나도 저런 발명품을 만들어서 많은 사람들에게 도움을 줄 거야'라고 결심하게 되었습니다. 그런데 막상 발명을 시작하려니 배워야 할 것이 많았습니다. 방과 후 컴퓨터 기초, 코딩 수업을 들으며 기초를 다지고, 여러 자격증도 취득했습니다. 이 과정을 통해 간단한 게임과 음악을 만들며 성취감을 느꼈지만 어려움에 부딪히기도 했습니다. 이때 알게 된 것이 영재교육원이고, 발명의 기초부터 배워야겠다는 생각에 발명영재교육원에 지원해 합격했습니다. 그곳에서 크고 작은 탐구물을 발명하며 큰 성취감을 얻었고, 앞으로는 코딩과 컴퓨팅 관련 학습을 서울대 과학영재교육원에서 더 깊이 탐구해보고 싶어졌습니다.

자녀가 평소에 흥미를 가지는 분야에 대해 부모와 자유롭게 대화를 나누고, 자녀가 어떤 계기로 그 분야에 관심을 가지게 되었는지를 스스로 표현하도록 연습하게 해 주세요. 아이가 어릴 때부터 키워 온 관심사를 진로와 연결해 설명할 수 있도록 부모가 유도 질문을 하는 것도 좋습니다.

2. 자신만의 강점 부각하기

학업 외의 경험이나 과제를 통해 쌓은 자녀의 강점을 자기소개서에 구체적으로 표현하는 것이 중요합니다. 부모는 자녀가 스스로 강점을 발견하고 구체적인 사례로 표현할 수 있도록 이끌어 줄 수 있습니다.

자소서 예시

방과후 마을학교에서 2년 동안 컴퓨터 기초와 코딩을 공부했습니다. 컴퓨터로 친구들에게 발표할 자료를 만들고, 프로그램 언어를 배우는 과정이 너무 흥미로웠습니다. 5학년 때는 1년 동안 청소년 창의로봇 수업에 참여해 공 옮기기 로봇, 포클레인, 레이싱봇을 직접 만들고 코딩해 실행하는 경험을 했습니다. 이러한 경험 덕분에 로봇과 코딩에 더 큰 관심을 가지게 되었고, 서울대 코딩캠프와 카이스트 창의로봇 제작 투어에 참여하며 더욱 심취하게 되었습니다. 이후에는 과학관과 로봇 박물관에서 체험한 것을 집에서 직접 실험해 보기도 하며 스스로 해답을 찾아갔습니다.

《실천법》
자녀가 학교나 외부 활동에서 성취한 경험을 주제로 자주 대화하고, 이 과정에서 무엇을 배웠고 어떻게 성취감을 느꼈는지 일기 형식으로 정리할 수 있도록 격려해 주세요. 아이가 참여했던 활동의 의미를 다시 돌아보며, 학업 외 강점도 스스로 인식하게 돕는 것이 좋습니다.

자녀의 경험을 구체적인 사례로 제시해 신뢰성을 높이되, 간결하게 핵심만 전달하는 연습이 필요합니다. 부모가 자녀와 함께 경험을 되돌아보며 정리하는 과정은 매우 중요합니다.

자소서 예시

제가 소개할 첫 번째 탐구물은 '손을 대지 않고 물을 따라 주는 장치'입니다. 이 장치를 만든 계기는 저와 동생들이 자주 사용하는 정수기 때문이었습니다. 정수기를 사용할 때마다 버튼에 음식물이 묻어 불편했고, 손을 대지 않고 물을 따라줄 수 있는 장치를 만들어보기로 결심했습니다. 티처블 머신에서 손동작을 사진으로 학습시켜 엄지손가락 각도에 따라 물이 나오도록 만들었습니다. 수많은 시행착오를 겪으며 완성해낸 경험을 통해 문제 해결의 즐거움을 느꼈습니다.

《실천법》

쓸모없는 경험은 없습니다. 특히, 유아부터 초등학교까지의 다양한 경험은 아이에게 큰 자산이 되지요. 하지만 더 중요한 것은 자녀가 스스로 해결한 문제와 그 과정의 경험을 간결하게 정리하도록 연습하게 하는 것입니다. 가장 좋은 방법은 주제 일기 쓰기입니다. 활동을 통해 배운 점을 구체적인 상황에 맞춰 기록하게 하면, 자기소개서에서 내용을 간결하게 표현할 수 있게 됩니다.

자녀가 자신의 부족한 점을 솔직하게 인식하고 이를 어떻게 극복해왔는지 서술하면 성장 가능성을 효과적으로 드러낼 수 있습니다. 부모는 자녀가 장기적인 목표를 세울 수 있도록 구체적인 목표와 성취 계획을 함께 이야기해 주세요.

자소서 예시

저는 평소에 내성적인 성격이라 처음에는 팀 프로젝트에서 제 의견을 말하기 어려웠습니다. 하지만 협업을 통해 함께하는 즐거움을 알게 되었고, 친구들과 함께 의견을 나누며 성취해가는 과정에서 점차 자신감을 얻었습니다. 이후로는 같은 관심사를 가진 친구들과 자율 동아리를 만들어 코딩과 발명에 대한 탐구를 계속할 계획입니다. 앞으로도 팀 프로젝트 경험을 통해 더욱 적극적으로 소통 능력을 키워나가고 싶습니다.

《실천법》

자녀와 함께 본인의 성향을 되돌아보고, 어려움을 극복하며 성장해온 지금까지의 과정과 앞으로의 목표에 대해 대화해 보세요. 자신감을 키워주는 긍정적인 피드백과 함께 실천 계획을 구체적으로 세울 수 있게 돕는 것도 좋습니다.

── 5. 독서 목록 및 영향력 ──

독서 경험을 통해 자녀의 사고력과 성장 과정을 표현하는 것은 자기소개서를 더욱 풍성하게 만들어 줍니다. 자녀가 책을 읽고 느낀 바를 자유롭게 표현하도록 돕고, 책 속 교훈이 자녀의 삶에 어떤 영향을 미쳤는지 이야기해 보세요.

자소서 예시

인공지능과 4차 산업혁명에 관한 책을 읽으며 미래 직업의 세계에 대해 깊이 생각하게 되었습니다. 책을 통해 4차 산업혁명으로 인한 직업의 변화와, 인공지능이 세상을 어떻게 변화시킬지에 대해 알게 되면서, 저 또한 미래 로봇 개발자가 되고 싶다는 꿈을 구체화하게 되었습니다. 또한, '주머니 속의 고래'라는 청소년 소설에서 주인공이 친구와 협력하며 어려움을 극복하는 과정을 보며, 힘든 순간에 의지할 수 있는 친구와 가족의 소중함을 깨달았습니다.

《실천법》

자녀가 책을 통해 얻은 영감과 배움을 부모와 편안하게 이야기할 수 있도록 해주세요. 특히, 독서기록을 할 때 책에서 느낀 점을 일상과 연결해 표현하는 연습을 하면, 자녀가 자기소개서에 본인만의 생각을 자유롭게 펼칠 수 있습니다.

6. 책 읽기와 글쓰기의 중요성

글쓰기는 자신의 생각을 정리하고 표현하는 중요한 연습입니다. 평소 관심 있는 분야에 대해 글로 정리하거나 부모와 대화를 나누며 자기소개서에 쓸 내용을 함께 구체화해 보는 것도 좋습니다.

자소서 예시

지역 아트홀에서 진행한 사운드 디자인 수업에서 음악 코딩을 배웠습니다. 평소 음악을 좋아하던 저는 '소닉파이' 프로그램을 사용해 다양한 음향을 만들며 게임 배경음악과 애니메이션 OST를 직접 제작했습니다. 만든 음악을 들으며 스스로를 표현할 수 있다는 점에 큰 감동을 느꼈습니다. 이후 이 경험을 글로 정리하면서 창의적 아이디어가 만들어지는 과정을 되돌아보았고, 앞으로 과학과 예술을 융합해 더 많은 창작물을 만들고 싶다는 생각을 하게 되었습니다.

《실천법》

위의 내용은 과학에 국한되지 않습니다. 음악, 미술, 체육 등의 예체능 분야에 폭넓은 관심을 가지고 있는 자녀라면 적극적으로 탐구할 수 있도록 격려해주어야 합니다. 그와 동시에 자녀가 참여했던 활동을 글로 정리하고 부모와 함께 공유하는 시간을 가져 보세요. 이 공유를 통해 얻은 생각의 '체계화'는 자기소개서 작성에도 큰 도움이 될 것입니다.

PART 3
영재교육원 부수는 엄마표 공부 대화

아이의 학습은 성적만 바라보고 아이 혼자 달려가는 레이스가 아닙니다. 부모 또한 아이의 지지자로서 아이가 받는 압박과 스트레스를 이해하고 지원해줘야죠. 제가 아이들을 키울 때 사용한 '3R 공부 대화법'을 바탕으로 아이들 기질에 따른 맞춤형 대화를 시도해 보세요. 공부 의욕 상승과 함께 친밀한 관계를 기대할 수 있으니까요.

[시작하기 전에]

학습력과 자존감을 키우는 3R 공부 대화법

지금까지 읽은 것처럼, 아이의 영재성을 키우는 것은 부모의 빠른 관찰과 대화입니다. 하지만 단편적인 대화는 아이가 공부하게 유도할 수는 있어도 공부 과정에서 받는 스트레스나 압박을 모두 해소하기 어렵습니다. 말하자면 끝까지 공부하게 할 동기부여가 힘든 것이죠.

아이가 본격적으로 공부할 시기가 되면 다음에 준비한 '3R 공부 대화법'을 써보세요. '아이 읽기(Reading) - 마음 알아차리기(Realize) - 반응하여 행동하게 하기(Reaction)'의 세 가지 단계를 거칠 때마다 부모는 아이를 이해하고, 그에 맞는 학습 동기도 부여할 수 있습니다. 또 아이의 기질과 상관없이 모든 부모가 사용할 수 있다는 것도 장점입니다.

● 아이들은 어떻게 공부할까요?

3R 공부 대화법을 제대로 이해하려면 먼저 우리 아이는 어떻게 공부하는지 알아야 합니다. 단순히 앉아서 책이나 문제집을 본다고 공부가 아니니까요. 어떤 지식이 아이들 머릿속에 들어가기까진 읽기(보고 듣기) - 이해 - 암기 - 기억 - 실행(경험) - 결과(성적)라는 복잡한 과정을 거

쳐야 합니다.

읽기(보고 듣기): 당연하겠지만 공부는 정보를 접하면서 시작합니다. 책을 읽거나 선생님의 수업을 듣는 것처럼요. 이 단계에서는 아이가 자료를 잘 받아들이도록 집중력이 필요합니다. 이때까지 부모의 할 일은 간단한 응원만으로도 충분합니다.

이해: 정보를 단순히 읽거나 듣는 것만으로는 부족합니다. 읽기에서 얻어낸 새로운 정보를 기존의 지식과 연결하거나, 그 의미를 파악해야 하죠. 이때는 최대한 다양한 지식을 제공하면서 아이가 스스로 필요한 정보를 얻을 수 있게 도와줘야 합니다.

암기: 이렇게 이해한 내용을 오래 기억하려면 반복 학습과 암기가 필수입니다. 이 과정에서 아이는 자신만의 암기법을 찾기도 합니다. 하지만 지나친 반복 때문에 아이들이 학습에 흥미를 잃을 위험도 있습니다. 이때 부모는 아이가 미처 말하지 못한 감정을 빠르게 파악하고 해소하는 데 도움을 주어야 합니다.

기억 + 실행(경험): 암기한 내용을 생활 속에서 적용하거나 문제를 풀어보는 과정입니다. 이 단계에서는 아이가 지금까지 배워온 것들을 실제로 활용하게 되죠. 부모의 행동도 한 차례 발전해야 합니다. 앞에서는 아이의 감정과 의도를 파악하고 해소하는 데 도움을 주었다면, 이제는 좀 더 발전할 수 있도록 유도할 필요가 있습니다.

결과(성적): 마지막으로, 이러한 과정을 거친 후 시험 등의 평가를 통해 공부 결과를 확인하게 됩니다. 이때 부모는 어떤 결과가 나오더라도 이해하고, 불안해하는 아이를 다독여 주는 것만으로 충분합니다.

이제 이 학습 과정을 바탕으로, 3R 공부 대화법을 더 자세히 알아봅시다.

● **3R 공부 대화법 첫 번째, 아이 읽기(Reading)**

첫 번째 단계는 '아이를 읽어내는 것'입니다. PART 1, 2에서 다뤘던 대화나 강점 파악을 위한 단순한 관찰 수준을 넘어, 아이의 말과 행동을 세밀하게 분석하고 그 의미를 찾아내야 합니다. 말이나 행동처럼 겉으로 드러난 것만 보는 것이 아니라, 그 속에 담긴 감정과 의도를 이해하는 것이 핵심이니까요. 물론 시간이 많이 들고 집중력도 필요하지만, 아이를 깊이 이해하기 위해 꼭 거쳐야 하는 과정입니다.

예를 들어, 아이가 "공부하기 싫어!"라고 말할 때, 이전에는 달래거나 위로하며 받아들여 주었습니다. 물론 이 투정이 올바르지 않다면 혼도 냈을 거예요. 하지만 이제는 그 말 그대로 받아들이기보다 왜 그런 말을 했는지에 주목해야 합니다. 아이가 피곤해서일 수도 있고, 특정 과목에 자신이 없어서일 수도 있습니다. 혹은 친구들과의 관계나 시험에 대한 불안감이 원인일 수도 있어요. 이렇게 아이의 말과 행동 뒤에 숨겨진 원인을 파악하는 것이 이 단계의 목표입니다.

● 3R 공부 대화법 두 번째, 마음 알아차리기(Realize)

두 번째 단계는 '마음 알아차리기'입니다. 지금까지 아이 행동의 원인을 읽어냈다면, 이제는 그 행동이 어떤 마음에서 비롯된 것인지 꿰뚫어야 합니다. 만약 아이의 심리를 파악하지 못한 채 대화를 이어가면, 아이는 자신의 마음도 모른다고 느껴 마음의 벽을 쌓을 수 있으니까요.

예를 들어, 아이가 "나는 수학이 너무 어려워."라고 말했다면, 그 속에는 수학을 어려워하는 마음뿐만 아니라 '내가 잘할 수 있을까?'라는 불안감도 숨어 있습니다. 이럴 때는 아이의 마음을 읽고 "그래, 많이 어렵지? 엄마도 수학이 어려웠던 때가 있었어. 그래도 우리가 함께 천천히 해볼 수 있을 거야."라고 말하며 공감해 주세요. 마음을 알아차리는 과정에서는 아이의 감정을 인정하고, 그 감정이 부정적이더라도 이해하고 받아주는 태도가 중요합니다.

● 3R 공부 대화법 세 번째, 반응하여 행동하게 하기(Reaction)

마지막 단계는 '반응하여 행동하게 하기'입니다. 아이의 마음을 알아차렸다면, 이제는 그 마음을 바탕으로 아이의 행동까지 이어가야 합니다. 대화를 통해 아이에게 공부에 대한 동기를 부여하고 스스로 학습할 수 있도록 유도하는 것입니다.

아이가 특정 과목에 자신이 없어서 공부를 미루고 있다면, 부모는 그 불안감을 이해하고 적절한 자극을 주는 겁니다. 예를 들어, "수학이 어렵다고 느끼는 게 당연해. 하지만 한번 시도해보면 생각보다 쉬울 수도 있어. 우리 함께 한 문제만 풀어보자."라고 말하며 아이에게 작은 성취감을 느낄 수 있도록 도와주세요. 그리고 성취감을 학습에 대한 자신감으로 번져나가게 해야 합니다.

결국 이 모든 과정에서 가장 중요한 것은 부모와 아이 사이의 신뢰 관계입니다. 세심하게 아이의 말과 행동을 읽고 그 안에 숨은 마음을 이해와 공감한 뒤 적절한 반응을 보여준다면 아이는 자신이 존중받고 있다고 느끼게 됩니다. 또 이런 신뢰가 쌓일수록 조언을 더 잘 받아들이고 스스로 공부하려는 동기를 찾을 수 있습니다.

CHAPTER 01

이겨야 사는 아이,
빨강이 공부시키기

두 아이의 엄마입니다. 첫째는 성적표가 나올 때마다
"점수도 안 나오는 게!"라는 식으로 동생을 놀리고 우위를 잡으려고 해요.
조용한 둘째도 감정이 상해서 말도 꺼내지 않습니다.

미리 보는 엄마표 마음처방전

승부욕이 있는 것은 좋지만, 긍정적인 방향으로 이끌어 주는 것이
중요합니다. 성공에만 집착할 수 있으니까요. 지거나 원하는 점수가
나오지 않아도 실패가 아니라는 것, 그리고 더 발전할 기회가 된다는
점을 꾸준히 말해 주세요.

주도적인 공부 환경 만들어 주기

: 넓은 공간 속에서 올바른 리더로 거듭나기!

앞에서 살펴본 것처럼 빨강이들은 외향적이고 자존심이 센 아이입니다. 새로운 환경에서도 씩씩하게 움직이고 배우지만, 다른 사람의 감정이나 분위기에는 크게 신경 쓰지 않는 둔감한 구석이 있습니다. 또 넘치는 에너지 때문에 좁고 갇힌 공간에 오래 머무르는 것도 싫어하죠. 그렇다면 빨강이들의 잠재력을 최대로 끌어낼 학습 환경은 어떤 모습일까요?

이 유형은 특히 열려 있는 학습공간을 좋아합니다. 좁고 답답한 공간보다 넓고 자유롭게 움직일 수 있는 공간에서 집중력이 솟아나죠. 예를 들면 학교에서 책상과 의자에 오래 앉아 있기보다 교실 밖에서 학습 활동을 하거나 복도에서 친구들과 함께 활동하는 시간을 더 편안하게 느낍니다. 이런 성향은 집에서도 마찬가지입니다. 그러면 이제 빨강이가 어느 곳에서 공부해야 할지 감이 잡히실 겁니다.

빨강이는 조용한 방을 만들어 주는 것보다 거실이나 마당 같은 넓은 공간을, 방 안에서 혼자 공부하기보다 거실의 큰 테이블에 앉아 소리 내어 읽는 것을, 또 가족들이 오가는 공간에서 활발하게 질문하고 답하며 공부하는 것을 즐깁니다. 이런 환경과 활동이 맞아떨어지면 학습에 더 큰 흥미를 느끼고, 기억에도 오래 남길 수 있습니다.

바람직한 환경을 알아보았으니 이제는 어떤 방식이 알맞은지 알아봅시다. 빨강이들은 모든 활동과 모임에서 리더가 되려는 강한 열망이 있습니다. 또 좁은 공간을 싫어하는 것처럼 통제당하거나 간섭받는 상황에서 큰 스트레스를 느끼죠. 따라서 모든 것을 이끌고, 주도적으로 결정할 수 있는 환경을 만들어 줘야 합니다.

학교에서 팀 프로젝트를 시키면 빨강이들의 학습 스타일이 가장 잘 드러납니다. 이럴 때 빨강이들은 리더가 되기 위해 노력할 거예요. 팀원들에게 역할을 분배하고, 맡은 일을 잘할 수 있게 응원하죠. 또 팀이 목표를 향해 잘 나아가고 있는지 꾸준히 확인합니다. 선생님으로선 이런 친구가 많을수록 든든해요.

빨강이들은 이렇게 충실한 리더의 모습을 보여줄 때마다 자기가 그 역할을 충실히 수행했음을 인정받고 싶어 합니다. 예를 들어, 프로젝트 발표 후 선생님이나 부모님으로부터 "네가 정말 잘 이끌었어, 덕분에 좋은 결과를 얻었어!"라는 칭찬을 들으면 가장 큰 성취감을 느낍니다. 그러니 아이의 세세한 활동을 기억하고 칭찬해주면 자존감과 학습 동기를 키울 수 있습니다.

하지만 긍정적인 모습만 있는 것은 아닙니다. 빨강이들은 타고난 승부욕 때문에 지는 걸 싫어하니까요. 만약 축구 경기처럼 아이들끼리 경쟁할 때 지거나, 라이벌인 친구보다 더 낮은 성적표를 받으면 크게 흥분하거나 화를 내는 모습을 보일 때도 있습니다.

그런 모습이 계속 이어지면 빨강이는 리더가 될 수 있을까요? 지는 것이 싫어서 친구나 형제자매, 남매사이에서 뾰족뾰족한 모습을 가져간다면 사이가 서먹해질 수밖에 없습니다. 분명히 빨강이들은 이겨야만 만족을 느끼고, 그것이 학습 동기의 원천이 됩니다. 이기기 위해서 노력하고 최선을 다하는 아이니까요. 부모님은 이런 성향을 올바른 방향으로 이끌어 주기만 해도 충분합니다.

꾸준히 '진짜 리더는 다른 사람의 입장과 감정을 배려하는 멋진 사람'이라고 이야기 해주세요. 학습과 생활에서 더 안정적이고 긍정적인 태도를 유지할 수 있을 것입니다. 또 지거나 자기 마음에 들지 않은 점수를 받았다고 해서 그 자체가 실패가 아니라는 것, '실패에서 모든 것을 배울 수 있다.'라고 말해 주세요.

자신을 되돌아보고 겸손할 수 있도록 강한 승부욕을 건강하게 발전시켜 주는 것이 필요합니다.

② 예습으로 승부욕 뽐내기

: 아이 스스로 공부하게 하는 엄마의 팁

빨강이들은 언제나 무대의 중심에 서 있길 바라고, 선생님이나 친구들에게 인정받는 것을 즐깁니다. 이런 특성을 잘 유도하면 아이 스스로 열심히 공부하게 할 수 있습니다.

먼저 아이가 잘하는 과목의 다음 수업 분량만큼 예습시켜 보세요. 원래부터 잘하는 과목이었지만, 수업의 핵심 내용을 알고 있다면 더 자신감을 가지고 수업에 적극적으로 참여하게 됩니다. 약간의 예습을 통해 친구들의 선망이나 선생님의 칭찬을 얻었다면 아이 스스로 다음 시간에 필요한 것을 공부하게 됩니다.

이런 성공체험은 아이가 잘하지 못했던 과목도 공부하도록 돕습니다. '빨강이가 싫어하는 수학도 조금만 공부하면 칭찬받지 않을까?'라는 식으로 조금씩 거부감을 줄이고, 예습을 통해 자신이 얼마나 잘할 수 있는지 보여주면 큰 동기부여가 될 테니까요.

아래는 빨강이와 부모가 나눌 수 있는 공부 대화의 두 예시입니다. 이 대화를 통해 부모는 아이의 승부욕을 자극하고 학습에 대한 긍정적인 동기를 심어줄 수 있습니다.

(부모) 빨강아, 다음 주부터 수학에서 새로운 걸 배우지 않니?

(빨강이) 분수요? 조금 어려울 것 같아요.

(부모) 맞아, 처음에는 좀 어려워 보일 수 있어. 그런데 우리 빨강이가 미리
공부하고 내일 수업에서 문제를 잘 풀면 수업이 재밌지 않을까?

(빨강이) 좋아요! 이번엔 준호보다 먼저 풀어봐야지!

(부모) 빨강아, 요즘 과학 시간에는 뭘 배우고 있니?

(빨강이) 식물의 광합성이요. 재미있는데 가끔 선생님이 너무 빨리 설명
해요.

(부모) 그래? 그러면 만화책으로 식물 이야기를 읽어 보지 않을래?
선생님이 뭘 말하려는지 쉽게 알아둘 수 있을 것 같아.

(빨강이) 알았어요. 먼저 알아두면 친구들보다 더 잘 이해할 수 있을 것
같아요.

(부모) 그럼 이 부분을 같이 읽어보자. 그리고 내일 수업에서 자신 있게
이야기해봐. 선생님이 너를 칭찬하시면 기분 좋겠지?

이처럼 빨강이들이 수업에서 주도적으로 활약할 기회를 예습으로 만
들어 주는 것이 중요합니다. 먼저 아이가 어떤 것을 어려워하는지, 누구
와 라이벌인지, 어떤 것을 공부하는지 꼼꼼하게 확인하고 승부욕을 자
극해주세요. 스스로 공부하는 아이를 보실 수 있을 겁니다.

3

백 번의 책 읽기보다 한 번의 체험학습

: 공부에도 통하는 빨강이의 머슬 메모리!

빨강이들은 외향적인 만큼 신체 감각이 뛰어나고 에너지가 넘치는 아이입니다. 이런 특성 덕분에 내향적인 아이들보다 공부에 써먹을 선택지가 많습니다. 특히 체험학습이 매우 효과적입니다. 나가서 활동하는 것을 부담스러워하는 아이도 있지만, 빨강이들은 몸을 움직이며 배우는 과정에서 에너지를 회복하고, 새로운 지식을 더 잘 이해하고 기억할 수 있으니까요. 이러한 특성을 잘 이해하고, 몸으로 경험할 수 있는 다양한 학습 기회를 제공하는 것이 중요하겠죠?

아래는 빨강이와 부모가 나눌 수 있는 공부 대화의 두 가지 예시입니다. 이런 식의 대화를 통해 빨강이의 기질에 맞춘 공부 방법을 알려주면서 학습에 대한 흥미를 높일 수 있습니다.

대화 예시 1

(부모) 이번 주 과학 시간에는 어떤 걸 공부했니?

(빨강이) 음…. 아마 상태변화던가 그랬던 것 같아요. 실험도 했어요.
　　　　 얼음 녹이는 실험이요.

(부모) 집에서 한번 해볼래?

(빨강이) 와! 어떻게 하면 돼요?

(부모) 우리 냉동실에 물을 얼려서 얼음으로 만들고, 또 그 얼음을 녹여서
　　　다시 물로 만드는 과정을 해보자. 그다음에 물을 끓여서 수증기가
　　　되는 것도 보여줄 수 있어. 이렇게 직접 해보면 내일 수업 시간에
　　　더 쉽게 이해할 수 있을 거야.

(빨강이) 그럼 내가 얼음 만드는 거 해볼게요! 빨리하고 싶어요!

대화 예시 2

(부모) 삼국시대의 전투를 직접 체험할 수 있는 박물관이 있는데,
　　　주말에 한번 가볼까?

(빨강이) 전투요? 진짜 재미있을 것 같아요! 거기 가면 뭐 할 수 있어요?

(부모) 박물관 사이트 열어줄 테니까 무엇을 할 수 있는지 살펴볼래?

(빨강이) 무기나 갑옷을 직접 만져보고, 활쏘기 체험도 할 수 있대요.

(부모) 직접 해보면서 배운다면 삼국시대를 더 잘 이해할 수 있을 거야.
　　　또 네가 경험한 걸 수업 시간에 친구들한테 이야기해 줄 수
　　　있겠지?

(빨강이) 좋아요! 꼭 가서 활도 쏴보고 싶어요. 내가 잘할 수 있을 것
　　　같아요!

이처럼 빨강이들은 몸으로 직접 경험하며 배우는 과정을 통해 공부 의
욕이 늘어날 수 있습니다. 아이가 더 많은 곳에서 다양한 지식을 만나도

록 도와주세요. 그리고 그 과정에서 자신의 에너지를 긍정적으로 활용
할 수 있도록 도와주는 것이 중요합니다.

휴식은 길게, 공부는 짧게!

: 달리는 말에는 채찍질하지 마세요

빨강이를 키우다 보면 다른 유형의 아이들보다 '언제 할거니?'라는 말을 할 필요가 없습니다. 일이나 공부를 짧고 굵게 끝내려는 성향 때문이죠. 그래서 해야 할 공부나 숙제가 있다면 빨리 해치우고 쉬고 싶어합니다. 어떻게 보면 압축적으로 공부하는 셈이죠. 반대로 '계획표를 세워라, 규칙대로 공부해라, 진득하게 앉아서 공부하면 안 되니?' 같은 말은 먹히지 않습니다. 오히려 작심삼일을 자주 반복하는 것이 더 효과적이에요. 이 방법은 파랑이들에게도 적용할 수 있습니다.

다만 주의할 사항도 있습니다. 아이를 독촉하거나 의심해서는 안 됩니다. 그때부터는 아이 마음이 뒤틀어져서 그 이후의 공부 동기부여에 부정적인 영향을 끼치기 때문이죠. 다음 대화를 통해 잘못된 대화와 잘된 대화를 알아봅시다.

부정적인 대화

(부모) 빨강아! 너 왜 거실에서 뒹굴뒹굴이야? 수학 공부 다 끝냈어?

(빨강이) 아까 다 했는데요?

(부모) 빨강이 너 공부한 지 얼마 안 된 것 같은데, 그걸 다 했다고?

(빨강이) 네! 이거 보세요.

(부모) 대충 풀고 끝낸 거 아냐?

(빨강이) 아니에요! 엄마는 날 못 믿어요?

긍정적인 대화

(부모) 빨강아. 오늘 해야 할 숙제와 네가 정한 양만큼 공부하자.

(빨강이) 네. 오늘 여기부터 여기까지 할 거예요.

(부모) 그래. 근데 양이 좀 많은데 괜찮겠어? ①

(빨강이) (독서록 숙제와 과학 수행평가 공부를 금세 마친 뒤) 다했어요.

(부모) 어디 보자. 독서록에 그림도 그렸네? 과학 공책에도 그림을 그려
　　　서 표현한 거야? 아주 좋은데? 이런 건 어떻게 이렇게 잘 그릴 수
　　　있었어? ②

(빨강이) 간단해요. 글로 되어 있으니, 어려워서 이렇게 그려보니 이해가
　　　쉽더라고요. 저 이제 놀아도 되죠?

(부모) 그래. 오늘도 미션 클리어!

　먼저 양이 정해지면 순식간에 끝마치는 빨강이를 보면 '부정적인 대
화'의 예시처럼 불안하고 못마땅할 수도 있습니다. 하지만 아이의 성향
과 학습 태도로 미루어 본 다음, 정말로 숙제를 마쳤다고 생각되면 '긍정
적인 대화'처럼 아낌없이 칭찬해주세요. 빨강이들은 칭찬과 인정을 먹
고 자라니까요.

만약 빨강이들에게 더 많은 숙제나 공부를 시키고 싶다면 위의 긍정적인 대화 사례를 참고해 보세요. '몇 시간 동안 공부해라.'보다 '몇 쪽부터 몇 쪽까지 할래?' 혹은 '몇 쪽부터 몇 쪽까지 해야 수행평가 시기에 맞춰 공부를 다 할 수 있을 것 같은데?'처럼 시간보다 양에 집중하여 제안하거나 제시해야 합니다.

또 문구 ①, ②를 사용해도 좋습니다. ①을 이용하면 빨강이 특유의 승부욕을 자극할 수 있고, ②는 아이의 능력을 칭찬하는 동시에 아이 스스로 아는 것을 말로 정리할 수 있도록 격려하는 말이니까요. 둘 다 PART 2, '빨강이들을 위한 맞춤형 행동 코칭'에서 언급했던 방법입니다.

다만, 친구 관계에서 빨강이들이 독선적으로 바뀌는 것을 막은 것처럼, 공부할 때도 빠른 이해만 믿고 빨강이들이 오만해지는 것을 경계해야 합니다. 빨강이들은 직관적이면서 빠르게 이해하는 능력이 뛰어나기 때문에 시간 내에 공부한 것을 '다 알아. 수행평가 자신 있어.'라고 생각할 수 있습니다. 이런 모습이 계속되면 암기에 약한 아이가 되어 버리고 맙니다.

CHAPTER 02

무엇보다 신나는 게 최고,
파랑이 공부시키기

아이가 벌려두는 건 많은데, 제대로 마무리 짓는 게 하나도 없어요.
잠깐 다그쳐도 그때만 정리하고 바뀌지 않아요.

미리 보는 엄마표 마음처방전

파랑이들은 어릴 때부터 자신의 비전과 학습 목표를 명확하게
제시해주어야 합니다. 만다라트 계획표나 비전 보드처럼 목표를
한눈에 볼 수 있는 장치로 '단기-중기-장기' 목표를 강조해주세요.
목표들이 허무맹랑해도 괜찮습니다. 이런 것들을 통해 공부가
재미있어지는 순간으로 나아갈 수 있으니까요.

허풍선이보다 공작새 같은 아이로

: 아이의 큰 그림에 색을 칠해주세요

"파랑아, 이번에 과학 수행평가 부분 잘 살펴봤니?"

"네, 당연하죠. 몇 번을 봤는데요. 문제도 잘 풀어봤어요."

파랑이가 수업 시간에 선생님 설명도 잘 들었다며 수행평가를 자신만 만해했지만, 막상 채점해보니 의외로 아주 쉬운 부분에서 틀렸다며 아쉬워할 때가 있었습니다. 파랑이는 왜 자신감보다 못한 결과를 받아야 했을까요?

파랑이 같은 아이는 전체적인 개념이나 흐름을 빠르게 이해할 수 있습니다. 역사를 공부한다고 생각해보세요. 파랑이는 역사적 사건의 흐름이나 큰 틀은 곧잘 이해할 거예요. 중요한 사건들이 어떻게 연결되는지, 또 역사 속 주요 변화와 흐름을 빠르게 파악할 수 있습니다.

하지만 나무보다는 숲을 보는 경향 때문에 세부적인 연도나 특정 사건의 이름 같은 작은 정보들은 쉽게 놓치고 맙니다. 그래서 연도나 인물 이름을 묻는 단순한 문제를 틀리고 '어떻게 이런 간단한 문제를 틀렸을까?'라는 아쉬움이 남는 것이죠. 이런 파랑이의 공부를 도와주려면 어떻게 해야 할까요?

● 아낌없이 칭찬하기

파랑이들은 자신이 어떤 분야에서 잘하고 있다는 것을 확인하고 인정받을 때 큰 동기부여를 받으며 공부에 더욱 열중하게 됩니다. 자신이 잘한 부분을 뽐내고 싶은 욕구가 공부 성향에도 큰 영향을 미치는 것이죠.

예를 들어, 파랑이가 학교에서 프로젝트를 발표해야 한다면 어떨까요. 파랑이는 발표 내용을 빠르게 이해하는 것에 그치지 않고, 어떻게 하면 발표를 더 멋지게 할 수 있을지 고민합니다. 또 발표 자료를 화려하게 꾸미고, 스토리텔링을 사용해 청중의 관심을 끌며, 발표 중간에 유머를 넣어 사람들의 이목을 끌려고 노력하죠.

이 모든 노력은 선생님과 친구들로부터 칭찬받기 위해서입니다. 집에서도 "정말 멋진 발표였어!"라거나 "네 발표가 가장 인상 깊었어!"처럼 많이 칭찬해주세요. 비슷한 상황을 스스로 찾아 나서는 적극적인 아이가 될 것입니다.

하지만 칭찬에 대한 기대가 큰 만큼 이를 받지 못하거나 비판을 받으면 쉽게 실망하거나 의욕이 떨어질 수 있습니다. 이를 보완하기 위해서는 학습 과정에서 세부적인 정보를 체계적으로 정리하고 반복 학습하는 전략이 필요합니다. 또, 전체적인 흐름을 파악하는 능력을 유지하면서도 작은 부분에도 주의를 기울이도록 인내심을 키워주시는 것이 좋습니다. PART 2에서 보았던 대화나 교정 방법을 적극적으로 사용해 보세요.

● 여럿이 있을 때 공부 에너지 충전!

이 유형의 아이는 활발하고 에너지가 넘치며, 재미와 놀이에서 에너지를 얻습니다. 이런 특징은 공부에서 어떻게 나타날까요? 바로 여러 사람과 함께 있을 때 더 큰 집중력을 발휘한다는 것입니다. 혼자보다 여럿이 있을 때, 개인과외보다 학원같은 그룹 학습 환경에서 공부할 동기를 얻고 더 큰 효과를 볼 수 있습니다.

'영석'이라는 A 유형, 파랑이 그 자체인 친구가 있습니다. 항상 활기찬 친구지만 혼자 공부할 때는 금세 지루해하며 집중력을 잃었죠. 그런데 조별학습 시간에는 완전히 달라졌습니다. 혼자 공부할 때 무력했던 것이 거짓말인 것처럼 조별 활동이나 그룹 토론 시간에 자신의 의견을 활발하게 표현했습니다. 또 다른 친구들의 의견이나 그 시간에 배운 것들을 더 오래 기억하고 있었습니다. 친구들과 함께하는 학습 환경 속에서 활기를 얻고, 친구들과의 경쟁이나 협동 과제에서 동기부여를 받는 대표적인 경우입니다.

또 다른 예로 '유솔'이라는 학생도 있습니다. 집에서 혼자 공부할 때는 집중하지 못하고 금세 딴짓을 했다고 어머니의 걱정이 많았어요. 하지만 학원에 가서 다른 친구들이 공부하는 모습을 보자 자극을 받은 거죠. 친구가 열심히 할수록 집중력도 올라가고 더 열심히 공부하게 되었습니다. 또, 학교나 학원 선생님이 다채로운 수업 방식을 도입할 때마다 유솔이는 큰 흥미를 느끼고 학습에 적극적으로 참여했습니다.

이처럼 A 유형의 아이는 여러 사람과 함께하는 학습 환경에서 장점을 극대화할 수 있습니다. 또 새로운 집단이나 자극을 받으면 그 효율이 더

증가하기도 하죠. 만약 파랑이들이 개인과외나 자습에서 헤매고 있다면 학원에 보내보세요. 물론 아이의 상황이나 기분에 따라 조금씩 달라질 수 있지만, 아이에게 맞는 학습 환경을 만드는 데 참고하셨으면 좋겠습니다.

목표 시각화로 만드는 생각의 나침반

: 돌무더기도 거대한 궁전으로 만드는 아이의 생각 지도

《어린 왕자》의 저자 생텍쥐페리는 '한 사람은 생각을 통해 돌무더기를 거대한 궁전으로 바꿀 수 있다.'라는 말을 했습니다. 짜임새 있는 생각이 가진 힘을 보여주는 명문이죠. 열정과 에너지가 많지만, 지속력이 부족하고 마무리를 잘 못하는 파랑이들이 들으면 좋은 글이기도 합니다.

그럼 파랑이들이 짜임새 있는 생각과 계획, 명확한 비전과 학습 목표를 가지려면 어떻게 해야 할까요? 먼저 자신의 목표를 직접 눈으로 볼 수 있게 도와줄 장치들이 필요합니다. 아이 스스로 성공이나 성취하고픈 것들을 글로 쓰거나 사진을 붙여 놓고 머릿속에서 이루어진 것처럼 상상하게 도와주세요.

이런 '목표 시각화'는 앨버트 반두라$^{Albert\ Bandura}$라는 미국 심리학자의 자기효능감$^{self-efficacy}$ 이론에서 태어났습니다. 자기효능감은 개인이 특정 과제를 성공적으로 수행할 수 있다는 자기 능력에 대한 믿음을 의미합니다. 이렇게 목표를 시각화해두면 그 과정을 반복적으로 상상하게 되면서 자기 효능감이 높아지고, 높은 자기 효능감은 목표를 이루기 위한 인내심을 아이에게 선사할 것입니다.

하지만 너무 거창하거나 대학교 입시, 취직처럼 긴 시간이 필요한 목표를 골라줘서는 안 됩니다. 집중력이 빠르게 떨어지는 파랑이에겐 단기, 중기, 장기적인 목표를 각각 보여줘야 더 효과적이니까요.

단기적으로는 '점수'나 '친구와의 경쟁', '부모님과 약속한 물건이나 음식'을, 중기적으로는 '목표하는 중고등학교 입학 성적', '가고 싶은 대학과 학과' 등을, 장기적으로는 '닮고 싶은 사람', '갖고 싶은 직업', '성인이 되어서 갖고 싶은 것' 혹은 '꼭 해보고 싶은 버킷리스트'처럼 허무맹랑하거나 사소한 목표도 괜찮습니다. 목표는 적절한 도전 의식과 동기를 얻고 그 과정에서 공부가 재미있어지는 순간으로 나아가게 할 촉매에 불과합니다.

그리고 꼭 파랑이에게만 적용되는 방법은 아닙니다. 다른 유형의 아이에게도 효과적이지만, 파랑이가 가장 극적인 변화를 보여주는 것이죠. 기회가 된다면 빨강이나 노랑이, 보랑이에게는 어떻게 말해줘야 할까 고민해 보시면 좋겠습니다.

이제 세 종류의 목표를 아이에게 말하는 법을 알아봅시다.

단기 목표 대화 예시

(파랑이) 엄마, 수학이 너무 어려워요. 왜 이걸 풀어야 하는지 모르겠어요.

(부모) 수학 많이 어렵고 힘들지? 엄마도 그랬어. <u>어떤 게 그렇게 복잡한 거니?</u> ①

(파랑이) 아니, 그중에서 잘 풀리는 문제도 있어요. 근데 뒤쪽 한두 문제가 힘들어요.

(부모) 그렇지? 파랑이가 웬만한 문제는 다 풀 수 있다고 생각해. 어려운

한 두 문제가 문제네. ②

(파랑이) 그런 문제는 그냥 넘어가도 돼요?

(부모) 이번에 넘어가면 다음에 똑같이 어려운 문제가 나올 때 못 풀고,

단원평가나 수행평가에서 원하는 점수를 못 맞게 돼.

파랑이가 원하는 점수는 몇 점이야? ③

(파랑이) 80점? 에이, 당연히 100점 맞으면 좋죠.

(부모) 그래. 100점은 쉬운 문제만 풀어서 되는 게 아니거든. 어려운 한

두 문제 때문에 80점과 100점으로 결과가 전혀 다르게 나오지.

100점이란 목표를 플래너나 종이에 써 놓고, 어떤 방법으로

할지도 옆에 간단히 적어 봐. ④

(파랑이) 알았어요. 아~! 그럼 이걸 꼭 풀어야겠네. 너무 어려운데

어떻게 풀죠?

(부모) 정답지의 해설을 보고 푼 다음 오답 공책에 정리해보자.

바로 앞 장에서 파랑이들은 여럿이 공부하는 학원 스타일을 선호할 수 있다고 말했습니다. 집에서는 정답지를 보고 오답 공책을 만들 수 있어도, 학원이나 인강을 듣는 아이는 그러기 힘들겠죠? 그럴 때는 '학원 선생님께 어려운 문제는 질문을 해서 해결해봐.'나 '강의 홈페이지에 질문란이 있으니까 거기에 질문해서 답을 얻어 봐.'라고 말해 주세요.

결국 가장 중요한 것은 ④번 지문입니다. 목표나 과정을 플래너에 기록하고 눈에 보이는 곳에 시각화하는 장면이죠. 그 밖에도 시각화할 방

법은 다양합니다. 이 방법만 고수하지 말고 아이에게 아이디어를 얻으면 더 효과적인 시각화 과정을 만들 수 있어요.

물론 아이와의 대화가 예시처럼 흘러가지 않을 수 있습니다. 아이의 생각과 반응은 천차만별이니까요. 위 예시의 핵심은 밑줄이 그어진 부모의 말입니다. 이렇게 아이의 말과 행동을 읽고, 아이의 말에 반응하여 행동으로 이끄는 과정을 주목해 주세요.

중기 목표 대화 예시

(파랑이) 엄마, 오늘 학교에서 장래 희망을 얘기했어요.

(부모) <u>그래? 파랑이는 어떤 꿈을 얘기했니?</u> ①

(파랑이) 사람을 살리는 의사가 되고 싶다고 했어요.

(부모) 정말 멋진 목표구나! 그럼 의사가 되려면 어떤 준비가 필요할까?

(파랑이) 음. 지금부터 공부를 열심히 해야겠죠?

(부모) <u>맞아, 공부를 열심히 하는 게 중요하지.</u> ② 그럼 우리 파랑이는
　　　　어떻게 열심히 할 건지 말해 줄 수 있니?

(파랑이) 매일 숙제를 열심히 하고, 모르는 문제는 선생님께 질문하기요?

(부모) <u>아주 좋은 생각이야! 그렇게 매일 공부하는 습관이 중요해.</u> ③
　　　　그럼 이번 학기 동안 노력할 목표를 세워볼까?

(파랑이) 네! 이번 학기 끝날 때까지 모든 과목에서 90점 이상 맞고 싶어요.

(부모) 좋아, 그럼 주간 계획표에 과목별로 공부 시간이랑 목표 점수를
　　　　적어 보자. 그리고 잘 보이는 곳에 붙여 두는 거야.

(파랑이) 네, 엄마!

위의 대화에서는 파랑이와 성적에 대한 중기 목표를 설정하고, 그 목표를 달성하기 위한 구체적인 계획을 짜는 것을 돕고 있습니다. 의대라는 목표가 다소 어렵게 느껴져도 괜찮습니다! 아이 스스로 세운 목표이기에 도전 의식을 가지고 실천할 테니까요. 부모는 그저 그 다짐이 꺾이지 않도록 응원만 해도 충분합니다.

장기 목표 대화 예시

(부모) 파랑아, 이번에 수행평가가 많다며. 준비해야지?

(파랑이) 아! 그걸 다 언제 공부해요? 진짜 하기 싫다.

(부모) <u>진짜 힘들긴 하겠다. 어떻게 하지?</u> ①

(파랑이) 대체 이런 건 어디다 쓰려고 공부하는 건지 모르겠어요.

(부모) 맞아, 그런 생각이 들 수도 있어. 그래도 우리 파랑이는 공부해야 하는 학생이니 충실하게 해야겠지?

(파랑이) 알죠, 그건.

(부모) 파랑아, <u>혹시 닮고 싶은 사람이나 갖고 싶은 직업을 말해 줄 수 있어?</u>

(파랑이) 손흥민이랑 백종원이요. 물론 엄청 힘들겠지만요.
근데 그분들은 공부 안 하고 축구랑 요리만 했죠?

(부모) 공부? 꼭 학교 공부는 아니어도 축구와 음식에 대한 모든 것을 배우고 익히기 위해 엄청나게 노력했을 거야.
빨강이도 그분들처럼 노력하면 될 수 있어.

(파랑이) 근데 저는 그 정도 능력은 없어요.

(부모) 먼저 학교 공부를 열심히, 꾸준하게 해서 성과를 내 보자. 하기 힘든 것에서 무언가를 이룬 경험이 나중에 빨강이가 원하는 직업과 꿈을 이루는 데 큰 도움이 될 거야. 이제 빨강이가 되고 싶은 모습을 사진이나 글, 그림으로 만들어서 붙여 보자.

파랑이들의 장기 목표 시각화를 도울 때는 먼저 중요성을 설명하고, 이를 통해 아이가 목표를 이루는 데 필요한 노력을 이해하도록 도와야 합니다. 이를테면 예시의 손흥민이나 백종원처럼 아이가 되고 싶은 인물과 직업을 깨닫게 하고, 그 목표를 시각적으로 보여주면서 목표로 달려갈 힘을 만들어 주는 것이죠.

부모님들은 아이들과 함께 목표를 시각화하면서, 아이들이 긍정적인 태도와 함께 자기 주도적으로 학습할 수 있도록 도와주셔야 합니다. 목표를 시각화하는 작은 실천이 아이들의 학습과 성장에 큰 변화를 가져올 수 있다는 것을 꼭 명심하시길 바랍니다.

③

신바람 나는 공부, 칭찬 요법

: 칭찬에도 종류가 있습니다

'칭찬은 고래도 춤추게 한다'라는 말은 누구나 다 알고 있습니다. 하지만 칭찬의 힘도 알고 있고, 지금까지 책을 읽으며 아이에게 칭찬이 얼마나 큰 보탬이 되는지 알게 되었어도 정작 칭찬을 위해 입을 떼긴 쉽지 않습니다. 특히, 가끔 내 아이를 보다 보면 아무리 찾아도 칭찬할 일이 없는 것처럼 보이기까지 합니다. 그건 어떤 상황에서 어떻게 칭찬해야 하는지 모르기 때문일 수도 있습니다.

생각보다 칭찬의 종류는 다양합니다. 아이의 행동이나 상태, 내가 원하는 방향에 이르기까지 여러 가지 요소가 모여 하나의 칭찬을 만드니까요. 물론 종류나 유형에 상관없이 상대방에게 긍정적인 메시지를 전달하여 서로의 관계를 강화하고, 긍정적인 영향력을 미친다는 공통점 아래에 있습니다. 하지만 어떤 종류의 칭찬을 어떤 상황에서 써야 하는지 안다면, 좀 더 편하게 입을 뗄 수 있을 겁니다. 물론 단점도 존재합니다.

● 칭찬의 종류

① 인정 칭찬: 상대방이 한 일이나 성과를 인정하는 칭찬

② 동기부여 칭찬: 한 일이나 성과를 인정하고, 더 나은 결과를 위한 동기를 부여하는 칭찬

③ 감사 칭찬: 감사하다는 마음을 표현하는 칭찬

④ 인성 칭찬: 성격, 인격, 가치관 등을 인정하는 칭찬

⑤ 발견 칭찬: 잠재력이나 능력을 발견하고 찬양하는 칭찬

⑥ 성장 칭찬: 성장과 발전에 대해 인정하고, 지속적인 성장을 기대하는 칭찬

⑦ 개선 칭찬: 지적한 문제점을 개선하거나 개선한 결과에 대해 인정하는 칭찬

⑧ 협력 칭찬: 상대방과의 협력이 잘 되어 진행된 결과에 대해 인정하는 칭찬

⑨ 용기 칭찬: 도전적인 일을 시도하거나 어려움을 극복한 것을 인정하는 칭찬

⑩ 인기 칭찬: 다른 사람들로부터 인기를 얻는 것을 인정하는 칭찬

● **칭찬의 역효과**

① 과장 가능성: 칭찬을 지나치게 과장하면 자기 능력을 과대평가하고 신뢰를 상실합니다.

② 거짓말의 가능성: 거짓말로 칭찬하면 상대방의 신뢰를 잃고 부정적인 감정을 유발합니다.

③ 무책임한 사용의 위험성: 과도하게 사용하면 칭찬이 당연시되며 의미를 잃고, 더 이상 동기부여의 역할을 하지 못할 수 있습니다.

누누이 말하지만, 파랑이들은 다른 사람 앞에서 돋보이고 칭찬과 주목을 받을 때 크게 만족합니다. 위의 사례에서 보여준 상황에 맞춰 적절하게 칭찬하면, 공부와 의욕을 모두 북돋는 최고의 처방이 되지 않을까요? 다음은 집에서 가장 많이 마주하게 될 두 상황에서 어떻게 칭찬을 이용하는지 알아보겠습니다.

저녁 시간, 공부 확인하는 과정

(부모) 파랑아, 오늘 해야 할 공부 다 했니? 한번 보자.

(파랑이) 아직 못했어요. 조금 더 해야 해요.

(부모) 한 것까지만 좀 볼까? 오호! 과학 공책 정리랑 문제 풀이 잘했네. 근데 파랑아! 궁금한 것이 있어. <u>너는 이 문제를 어떻게 풀 수 있었던 거야?</u> ①

(파랑이) 개념 정리된 거 생각하면서 푸니까 쉽던데요?

(부모) 그렇구나! <u>이것도 설명해 줄 수 있어?</u> ②

(파랑이) (설명 중략)

(부모) <u>정말 훌륭해, 파랑아. 나머지 부분도 잘 해낼 것 같아.</u> ③

위의 예시 속 ①번 질문처럼, 파랑이들은 자신의 문제해결 능력을 칭찬받고 그것을 어떻게 해결했는지 물어봐 주면 굉장한 자부심을 느낍니다. 그리고 다른 사람들 앞에서 그 내용을 설명하면 더 자신감을 얻게 되죠. 이런 유도를 통해서 배운 것을 더 잘 이해하고 오랫동안 기억하게 만들어 줄 수 있습니다. ②~③번을 통해 마무리 칭찬까지 해주면 다음 공부도 더 열심히 하게 되겠죠?

해야 할 공부를 안 하고 게임 시간을 요구하는 경우

(파랑이) 아빠, 주말이니까 게임 시간 풀어 주세요.

(부모) 평일에 공부할 것은 다 했니?

(파랑이) 다 했어요.

(부모) 가져와 보자. 아직 다 못한 것 같은데? 거짓말은 안 된다.

(파랑이) 아이, 아빠. 오늘만 봐주세요. 게임하고 마저 할게요.

(부모) 여기서부터 여기까지 다 하면 게임할 시간을 줄게.
　　　그리고 앞으로 거짓말하면 주말 게임 시간은 없단다. ①

(파랑이) (툴툴대며 공부해야 할 양을 해결한다.)

(부모) 파랑아, 게임 시간 풀어 놓았어. 마음먹고 하니까 공부도 잘하네!
　　　끝까지 잘 해냈어, 파랑아! ②

위의 대화는 당근과 채찍을 적절하게 사용한 사례입니다. 파랑이들은 즉흥적이고 에너지가 넘치지만, 어떤 실수나 잘못된 선택을 하려고 하면 자기 행동에 따른 결과도 빠르게 알려줘야 합니다. 그래야 산만하다는 단점을 감추고 책임감을 키울 수 있으니까요.

이 부분만큼은 아무리 엄한 아버지나 응석을 받아주는 어머니라도, 혹은 반대의 경우라도 서로 협력해서 일정한 규칙으로 파랑이를 가르쳐야 합니다. 잘못한 것에는 ①번처럼 엄한 채찍을, 숙제를 다 했거나 학습 성취도가 높은 결과를 보였을 때는 ②번처럼 확실한 당근을 주셔야 합니다. 훈계할 때는 굵고 짧게, 단호하면서 친절하게, 자기 행동이 미래에 목표를 이루는데 얼마나 부정적인 결과를 가져올지를 꼼꼼히 설명해 주세요.

만약 아이가 유아부터 초등 저학년 정도면 스티커 제도를 병행하는 것도 좋습니다. 일주일이나 한 달 동안 모은 스티커에 따라 용돈부터 간식, 키즈카페, TV 시청 등 다양한 보상을 주면 효과적입니다.

말하며 함께 만드는 기억 도서관

: 모든 것은 정리부터 출발합니다. 말하기도 그렇습니다

순발력이 뛰어나지만 꾸준함이 부족한 파랑이들은 처음 계획한 공부 분량만 끝내면 '개념-이해-암기-문제풀이-심화'까지 다 마쳤다고 생각합니다. 하지만 막상 암기나 이해가 필요한 질문을 하거나 문제를 풀 때 고개를 갸우뚱거리죠. 이번 장의 첫 부분 '허풍선이보다 공작새 같은 아이로'에서 잠시 언급한 내용입니다. 이번에는 그 모습을 바꿀 대화법을 말씀드리겠습니다.

말하면서 개념, 이해까지

(파랑이) 엄마, 저 다했어요.

(부모) 그래? 정말 빨리 해결했구나. 과학 문제풀이는 채점이랑 오답 풀이까지 했어?

(파랑이) 다 했죠.

(부모) 공부의 완성은 파랑이가 아는 것을 말로 할 수 있어야 해. ① 지금부터 티칭 타임! 파랑이가 오늘 배운 걸 엄마한테 말해 줄 수 있을까?

(파랑이) 알았어요.

(부모) (교재를 보며) 동물의 한 살이 중에서 완전 탈바꿈의 뜻과 과정을 설명해 볼까?

(파랑이) 완전 탈바꿈은 알, 애벌레, 번데기, 어른벌레의 과정을 거치는 거예요. 이 중에서 번데기 과정이 빠지면 불완전 탈바꿈이고요.

최고의 공부법은 '내가 아는 것을 설명하기'라고 생각합니다. 가르치면서 자신이 이해한 것을 더 명확하게 정리하고, 장기기억으로 확실하게 저장하는 방법이기도 하죠. 하지만 위의 예시처럼 말하는 게 처음이라면, 파랑이는 분명히 실수하게 됩니다. 이때 잘 못한다고 자신감을 꺾어서는 안 됩니다. '처음이라서 그래.', '파랑이 너 정도면 몇 번만 더해도 금방 익숙해지고 잘할 거야.'라고 말하며 격려해 주는 것이 중요해요. 이런 과정을 반복하면, 파랑이가 먼저 우쭐해하며 그날 배운 것을 설명하느라 여러분을 의자에 앉힐 날도 오게 되니까요.

다만 예시같은 설명을 매번 유도하라는 이야기는 아닙니다. 아이 곁에 붙어서 설명을 계속 들어줄 만큼 한가하기도 힘들고, 그만큼 꾹꾹 참기도 쉽지 않으니까요. 그저 아이가 유난히 공부 시간이 짧아지는 게 보이고, 동기부여가 필요할 때 한 번씩 설명하도록 격려하고 들어주면 충분합니다.

스스로 암기가 필요할 때

(부모) 파랑아, 공부는 이해도 중요하지만 어떨 때는 외워야 할 것들도 꽤

많단다.

(파랑이) 저 잘 외워요.

(부모) 그래? 어떤 개념을 외우고 있을까?

(파랑이) 음…. 구구단 같은 거? 또 사회 시간에 배운 옛날 교통수단도요.

(부모) 우와! 파랑이 너 이걸 어떻게 다 외워? ①

(파랑이) 심심할 때 잠깐만 말해도 충분하던데요! ②

(부모) 오~! 맞아. 그렇게 외워보는 것도 좋은 방법이네. 외우는 방법은
또 있어. 공책이나 연습장에 적어 보는 거? 쓰면서 외우면 영어
단어도 기억에 오래 남더라. ③

(파랑이) 아~!

지금까지 파랑이와 대화하는 방법을 읽은 부모라면 ①번 같은 유도는
익숙해졌겠죠? 파랑이가 자기가 해낸 것을 더 자랑할 수 있도록 해주세
요. 그리고 어떻게 그런 걸 해냈냐고 진심을 담아 칭찬하고 되물어봐 주
세요. 이 과정을 통해 들뜬 파랑이에게 구체적인 예시를 들려주면서 해
내야 하는 것을 제시해주면 스스로 공부하는 기반을 다질 수 있습니다.

칭찬

CHAPTER 03

기다림으로 만드는 단단함, 노랑이 공부시키기

자기가 하고 싶은 것에 파묻혀서 다른 아이들보다 학교 진도나 말이 늦어요….
공부하라고 밀어주면 오히려 하지도 않고요. 어떻게 해야 하죠?

미리 보는 엄마표 마음처방전

노랑이들은 '토끼와 거북이 이야기' 속 거북이처럼 천천히, 꾸준히
성장할 수 있습니다. 단기적으로는 전체적인 흐름을 놓치는 것처럼
보일지 몰라도, 시간이 지나면 작은 디테일들을 하나씩 쌓아가면서
자신만의 학습 방식을 만드는 아이니까요. 그 성장이 올바른 방향으로
갈 수 있도록 유도해 주세요.

걸음이 느린 아이, 마음이 부자인 아이

: Slow and steady wins the race

노랑이들은 내향적이고 조용한 성격이지만, 동시에 그 안에는 다양한 궁금증과 호기심이 가득 차 있습니다. 그저 그 궁금증을 공개적인 자리에서 꺼내기 부끄러워할 뿐이죠. 사람들 앞에서 생각을 표현하는 것이 부끄럽고, 주변 친구들의 시선을 의식하는 아이입니다.

예를 들어, 노랑이는 수학 시간에 선생님이 설명한 개념이 잘 이해되지 않았습니다. 하지만 교실에서 손을 들고 질문하는 것이 부담스러웠죠. 다른 친구들이 자신을 어떻게 생각할지, 또 너무 쉬운 질문을 하면 '왜 저런 걸 물어보지?'라고 생각할까 염려스러웠던 것입니다. 노랑이는 결국 질문을 하지 않고 넘어갔고, 그날의 수업 내용을 이해하지 못하고 돌아가고 말았습니다.

노랑이들의 성격상 이런 일은 흔하게 일어납니다. 그래서 교사와 부모가 이들의 성향을 이해하고, 적절한 환경을 제공해 주는 것이 정말 중요합니다. 만약 노랑이를 가르치는 교사라면 설명식 수업이 끝난 후 개인적으로 질문할 시간을 주거나, 공책에 질문을 적어 내도록 하면 부담 없이 질문할 수 있겠죠.

그럼 부모는 노랑이를 어떻게 공부시켜야 할까요? 우선 집에선 친구들의 시선이 없어 곧잘 질문을 던져옵니다. 그러나 노랑이들은 개념이나 논리적인 부분을 느리게 이해하는 편이어서, 직접 가르친다면 답답하실 수도 있어요. 아이가 대답할 때까지 오랫동안 기다리다 언성을 높이기도 하죠. 이런 일이 쌓이면 노랑이들은 아예 입을 닫아버리곤 합니다.

하지만 조금만 인내심을 가지고 책에서 소개하는 대화법을 써보셨으면 합니다. 노랑이들은 겉으로 드러나지 않은 열정과 함께 끈질기게 공부할 수 있는 아이니까요. 아이가 마음속에 품고 있는 궁금증을 적절하게 해결할 수 있도록 도와주면, 초등-중등-고등학교 동안 주도적으로 공부하는 모습을 보여 줄 겁니다.

● 잔잔한 가지를 봐요

큰 그림을 보는 파랑이들과 다르게, 노랑이들은 큰 그림보다 작은 디테일에 집중합니다. 숲이나 나무의 줄기처럼 한눈에 띄는 것보다 가지나 잎사귀처럼 눈에 잘 보이지 않는 부분까지 세심하게 관찰하는 스타일이죠. 우리 집 셋째 아들이 그런 경우입니다. 그림을 그릴 때 캐릭터의 표정, 의상, 그리고 그들이 내뱉는 말 한마디나 의성어까지 일일이 챙겨서 그 안에 깨알 같은 재미를 숨겨놓거든요. 그래서 그림을 자세히 들여다보지 않으면 아이가 어떤 말을 하고 싶은지 파악하기 어려울 정도로 세밀합니다.

또 노랑이는 일기를 쓸 때 하루 동안 있었던 일을 아주 자세하게 기록합니다. 기억력도 뛰어나서 작은 사건이나 대화도 놓치지 않죠. 이런 모습이 공부할 때도 나타나 수업 시간에 배운 단어나 개념을 일상에서 자연스럽게 사용합니다. 그런데 그 단어의 의미나 용법에 대해서 논쟁을 벌이는 경우가 많아요. 빨강이나 파랑이가 잘 신경 쓰지 않는 세부적인 단어와 내용에 집중하기 때문이죠.

이런 노랑이의 공부 스타일은 겉으로 보기에는 느려 보여도, 속에 잠들어 있는 세심함과 집중력은 시간이 지나면서 큰 강점이 됩니다. 다른 아이들이 놓치기 쉬운 것들을 차곡차곡 쌓아 올리면서 자신만의 학습 방식을 만들어 가니까요.

그러니 공부의 속도보다 방향에 집중해주세요. 자신의 속도에 맞춰 세부적인 부분을 천천히 파고들며 공부하는 만큼, 처음에 올바른 방향을 설정해 주는 게 중요합니다. 큰 목표보다는 작은 목표를 세워주고, 그 목표를 차근차근 이루어 나가는 과정을 지지해주세요. 깔끔한 작은 성공은 노랑이들에게 자신감을 심어주고, 공부 의욕을 살려줍니다.

● **공부는 깨끗하고 조용한 곳에서!**

노랑이는 소음이나 복잡한 환경에서 쉽게 집중력이 깨지곤 합니다. 그래서 깨끗하고 조용한 공부 환경을 만들어 주는 것이 정말 중요합니다. 깔끔하게 정리된 방과 조용한 공간에서 공부할 때 안정감을 느끼고, 그로 인해 집중력도 높아지니까요.

학교에서는 교실의 분위기나 자리 배치가 노랑이에게 큰 영향을 줄 수 있습니다. 교실이 시끄럽고 산만할 때 쉽게 위축되고 피로감을 느끼니까요. 그래서 아이들이 많이 움직이는 창가나 복도 쪽 자리보다, 교실 안

쪽이나 선생님과 가까운 자리에 앉게 해주세요. 상대적으로 시선이 분산되지 않아서 공부에 집중하기도 좋고, 선생님과 편안한 관계를 맺어 질문이나 도움을 받을 때 부담도 줄어듭니다. 결국, 더 긍정적인 결과를 만들 수 있죠.

집에서는 위에서 말한 데로 자신의 속도에 맞춰 공부하는 것이 제일 중요하지만, 노랑이가 초등학교 저학년일수록 예습보다 복습에 더 집중하는 것이 좋습니다. 수업 시간에 모든 내용을 완벽하게 이해하지 못하기 때문에 집에서 수업 내용을 천천히 복습하며 내용을 정리하는 게 필요합니다. 이때 부모님이 옆에서 조용히 책을 읽거나, 차분하게 기다려주는 것만으로도 아이의 안정에 큰 도움이 됩니다.

또 이 과정에서 아이가 자신만의 공부 노트를 정리하는 습관을 들여주세요. 이렇게 공부한 내용을 자기 속도에 맞춰 복습하고 서서히 이해의 폭을 넓혀가는 경험을 통해 노랑이는 점점 자신감이 생기고 공부에 긍정적인 태도를 가지게 됩니다.

② 소곤소곤, 목표 점검식 공부 대화

: 작은 성공체험이 주는 큰 자신감

위에서 노랑이들의 공부를 위해서는 올바른 방향과 충분히 달성할 수 있는 작은 목표를 통해 성취감을 주는 것이 중요하다고 설명했습니다. 이번 장에서는 아이가 부담을 느끼지 않는 선에서 어떻게 학습 목표를 만들어 주는지, 그리고 어떻게 개입해야 하는지 알아보겠습니다. 먼저 학교에서 받아온 숙제가 있는 날 이렇게 대화를 시작하면 어떨까요?

(부모) <u>오늘 숙제는 어때? 어려운 게 있니?</u> ①
(노랑이) 수학 문제가 조금 어려운 것 같아요.
(부모) <u>그럼 우리 5문제만 먼저 풀어보자. 다 풀지 않아도 괜찮아. 만약 다 풀었다면 잠깐 쉬었다가 다시 해도 돼.</u> ②
(노랑이) (5문제를 다 풀고 난 뒤) 문제 더 풀고 싶어요. 5문제는 너무 조금이에요.
(부모) <u>정말 꼼꼼하게 잘 풀었는걸? 아주 잘했어.</u> ③ 오늘은 여기까지 해도 좋을 것 같아. 내일은 나머지를 해볼까?
(노랑이) 오늘 5문제만 더 풀게요, 엄마!

이때 중요한 것은 아이에게 너무 많은 부담을 주지 않는 것입니다. ①은 아이가 공부할 것을 얼마나 이해했는지, 혹은 부담스러워 하는지 파악하는 질문입니다. ②는 학습량을 쪼개서 쉽게 도달할 수 있도록 하는 과정입니다. 아이가 처음 기준으로 삼은 개수만큼 문제를 풀었다면, ③번처럼 구체적으로 칭찬해서 충분히 성취감을 느끼게 해주세요. 그러면 아이가 더 풀겠다는 의지를 보이기도 합니다. 위의 사례와 비슷한 경우로, 영어 단어 외우는 상황을 상상해 봅시다.

> (부모) 이번 주에 외울 단어가 좀 많아 보이지? ①
> (노랑이) 단어가 너무 어려워서 잘 안 외워져요.
> (부모) 그런데 걱정하지 마. 오늘은 10개만 외워보자. ②
> (노랑이) 10개만요?
> (부모) 응, 노랑이 네가 좋아하는 방법으로 해보면 돼. 쉬운 것부터 외운 다음 어려운 것까지 차례로 외워보자. ③
> (노랑이) (철자를 하나씩 읊어가며 암기한다.)
> (부모) 이렇게 어려운 단어도 외웠네! 정말 대단하다, 노랑아! ④

수학의 사례처럼 부모가 질문하며 안내하는 것이 보일 겁니다. 여기서 ②와 ③은 노랑이에게 부담 없는 과제량과 해결법을 제안하고 있습니다. 노랑이들에게 그냥 공부하라고 하면 무엇을 어떻게 해야 할지 몰라 망설이거나 답답해합니다. 오히려 공부를 시작할 때 '9시부터 10시까지 사회 문제집의 12쪽부터 16쪽까지 읽어보고 풀어보자.'처럼 구체적으로 안내해 주면 더 편안함을 느끼죠. 만약 다른 기질의 아이에게 공부하라고 강조하면 싫어하겠지만, 노랑이들에게는 부모가 구체적으로 공부하는 시간과 방법을 설정해 주는 것이 좋을 때가 많습니다.

물론 위에서 설정한 목표가 너무 낮다고 생각하실 수도 있어요. 하지만 노랑이들에게는 작은 허들부터 시작해서 조금씩 공부의 역치를 높여주는 것이 중요합니다. 물론 그때 충분한 칭찬을 곁들여서 자신감도 붙여줘야죠. 특히 초등학교 저학년 시기에는 아이의 속도에 맞춰 부모가 적절하게 개입하면서 격려하는 것이 더 필요합니다. 아이가 부담을 느끼지 않도록 대화를 조심스럽게 이끌면서도, 조금씩 더 큰 도전을 할 수 있게 유도하는 것이죠. 이렇게 아이의 속도에 맞춰 꾸준히 격려해 준다면, 안정된 환경 속에서 자신감을 키우고 스스로 더 높은 목표를 세우며 성장하게 됩니다.

③

차근차근, 강의식 공부 대화

: 반복으로 만드는 공부 근육

노랑이들은 새로운 것보다는 익숙한 것에 안정감을 느낍니다. 그래서 차근차근 설명해 주는 방식이 효과적입니다. 또 반복 학습을 통해 내용을 익숙하게 만드는 것이 중요하죠. 노랑이들의 이런 특성을 생각하면 전통적인 강의식 공부 방식이 잘 맞을 수 있습니다.

처음에는 아이가 잘하는 것을 반복해서 연습하게 하고, 익숙해지면 조금씩 새로운 내용을 추가하면서 공부에 흥미를 느낄 수 있도록 유도해 보세요. 아래는 노랑이들과 부모가 공부 대화를 나누는 구체적인 상황과 사례입니다.

대화 사례 1: 수학 문제 풀이

(부모) 오늘 수학 시간에 배운 덧셈 문제를 다시 풀어볼까? 전에 했던 문제와 비슷한데, 먼저 잘 알고 있는 것부터 해보자. ①

(노랑이) 응, 저번에 했던 것 같아요. 해볼게요.

(부모) 맞아, 그때도 잘 풀었지? 이번에도 천천히 한 문제씩 풀어보자. 혹시 모르는 게 있으면 바로 물어봐.

(노랑이) (문제를 푼 뒤) 다 풀었어요!

(부모) 잘했어! 이제 조금 더 어려운 문제로 해볼까? ② 그래도 기본은 같으니까 너무 걱정하지 말고, 한 문제씩 풀어보면 돼.

(노랑이) 해볼게요!

(부모) 좋아. 이렇게 차근차근 풀다 보면, 어려운 문제도 쉽게 풀 수 있을 거야. 매일 조금씩 반복하면서 익숙해지면 나중에 더 어려운 것도 잘할 수 있을 거야. ③

대화 사례 2: 영어 단어 외우기

(부모) 오늘은 우리가 자주 봤던 영어 단어들 중에서 몇 가지를 다시 외워 볼까? ① 전에 외웠던 단어들이니까 아마 금방 기억날 거야.

(노랑이) 알고 있는 단어들이라 할 수 있을 것 같아요.

(부모) 좋아. 먼저 'apple', 'book', 'cat' 이런 단어들부터 다시 외워보자. 익숙해지면 다음에는 조금 더 어려운 단어를 추가해 볼 거야. ②

(노랑이) 응. 'apple'은 사과고, 'book'은 책이죠!

(부모) 맞아. 아주 잘했어! 이제 이 단어들을 여러 번 반복해서 외우자. 자주 반복하면 나중에 시험 때도 쉽게 떠올릴 수 있을 거야. ③

(노랑이) 반복해서 외우니까 기억이 잘 나는 것 같아요.

(부모) 그렇지? 이렇게 익숙해진 다음에는 비슷하지만 조금 더 어려운 단어들도 외워보자. 그럼 더 많이 알게 될 거야.

위의 두 사례에서 알 수 있듯, ①은 기존에 공부했던 내용을 복습하며 학습의 부담을 덜어 줍니다. ②와 ③은 조금 더 어려운 단계의 학습으로 이어지도록 격려하고 있죠. 이처럼 노랑이들과 공부할 때는 차근차근 설명하고 자주 반복하는 것이 중요합니다. 익숙한 내용을 통해 자신감을 쌓고, 그다음 단계로 나아갈 수 있도록 도와주는 것이 핵심입니다. 만약 이렇게 유도해도 성적이 잘 나오지 않는다면, 학습 방법과 아이가 공부해야 하는 이유와 범위를 아는지 확인해야 합니다. 노랑이들은 가끔씩 공부해야 하는 범위를 잊은 채 지엽적인 부분만 공부할 수 있으니, 옆에서 학습 계획을 함께 세우고 점검해 주셔야 합니다.

강점을 이용한 전략 과목 늘리기

: 마중물 과목, 첫 시작이 중요합니다

앞에서 본 것처럼 노랑이들은 반복적인 암기를 이용한 학습에 자신감을 얻습니다. 또 꼼꼼하고 세심한 성격 덕분에 기억력도 좋죠. 부모님의 유도를 통해 아이가 가장 어려워하는 과목을 극복했다면, 다음은 그 기억과 함께 다른 과목에 도전할 때입니다. 이 강점을 잘 활용하도록 대화를 유도하는 것이 중요합니다.

(부모) 노랑아, 너는 역사 속 다양한 사건들을 정말 잘 외우고 있잖아?
　　　그 기억력을 활용해서 다른 과목에 도전해 보는 건 어때?
　　　예를 들어 과학의 기본 개념이나 용어를 외워두면 문제를 풀 때
　　　도움이 될 거야.
(노랑이) 과학도 외우면서 공부할 수 있어요?
(부모) 그럼! 과학에도 공식이나 개념이 많거든. 이것들을 잘 외워두면
　　　실험 문제나 개념을 활용한 문제를 훨씬 쉽게 풀 수 있어. 역사를
　　　잘 알아서 사회 과목이 쉬운 것처럼 말이야.
(노랑이) 아! 그럼 과학도 조금씩 외워볼게요.

(부모) 좋아! 네 기억력이 과학에서도 빛을 발할 수 있겠지?

이처럼 노랑이와 대화할 때는 강점인 암기력을 더 많이 이용하도록 격려하는 것이 중요합니다. 이를 통해 아이는 다양한 분야에서 자신감을 얻고, 더 큰 성과를 낼 수 있습니다. 그렇다면 반대로 노랑이들의 공부에 부정적인 대화 예시와 그 속에 있는 부정적인 어휘를 알아볼까요?

(부모) 노랑아, 이번에는 영어 단어를 더 많이 외워보자. 그런데 이번에는 **빨리 외우고 점수도 잘 나와야 해.**

(노랑이) 저는 천천히 외우고 싶어요….

(부모) 시간을 빨리 쓸 줄도 알아야지! 이렇게 느리면 언제 다른 과목까지 다 하겠니?

① "빨리": 노랑이들은 천천히 학습하는 것을 좋아합니다. 속도를 지적하거나 압박하는 말은 피해야 합니다.

② "왜 이렇게 느리니?": '느리다'라는 부정적인 평가를 들으면, 아이의 자존감이 낮아집니다.

③ "그렇게 해서 언제 다 하겠어?": '빨리'와 마찬가지로 시간을 들어 압박하면 노랑이들의 스트레스가 늘어납니다.

④ "이걸 꼭 알아야 해!": 강조나 강요하는 말은 아이를 긴장하게 만들고 학습 의욕을 떨어뜨릴 수 있습니다.

⑤ "다른 애들은 벌써 다 외웠어.": 비교하는 말은 아이에게 불안감을

주고 자신감을 떨어트릴 수 있습니다.

노랑이들은 칭찬과 격려로 강점을 늘리고 공부를 즐길 수 있도록 이끄는 것이 중요합니다. 아이가 느긋하게, 하지만 꾸준히 학습에 자신감을 쌓을 수 있도록 따뜻하게 지지해주세요.

CHAPTER 04

나만의 속도 유지하기,
보랑이 공부시키기

새로운 상황이나 낯선 환경을 많이 불안해해요. 과목이 바뀌거나
처음 보는 문제를 만나면 갑자기 공부가 힘들다며 더 짜증을 냅니다.
어떻게 해야 할까요?

미리 보는 엄마표 마음처방전

보랑이들은 마치 그림책 속 '겁 많고 신중한 아기 사자'처럼
새로운 상황을 만나면 두려워하거나 망설입니다. 처음에는 낯설어하고
어려워하지만, 안정감을 느낄 수 있는 환경에서 자신만의 속도로
차근차근 탐구할 때 조금씩 자신감을 얻어 갑니다.
보랑이가 스스로 익숙해질 수 있도록 시간과 여유를 주세요.

겁이 많지만, 누구보다 빨라질 아이

: 억지로 시킨다고 잘 따라줄까요?

보랑이들은 예민하고 겁이 많아 주위 환경에 쉽게 영향을 받습니다. 호기심과 탐구심이 강해 궁금한 것도 많지만, 내향적인 성향 때문에 공개적인 자리에서 질문하기 어려워하죠. 노랑이와 비슷한 부분이 있어서 공부 환경도 비슷한 점이 많습니다. 개인적이거나 소수의 안전한 환경을 만들어 주고, 이를 통해 아이의 호기심을 자유롭게 끌어낸 다음 작은 성공으로 자신감을 붙여줘야죠.

하지만 결정적인 차이는 아이가 외부 자극을 받아들이는 방식입니다. 노랑이는 기간별로 정해진 계획을 바탕으로 부모가 앞에서 이끌어 준다면, 보랑이는 자기만의 속도와 계획으로 공부해야 하니까요. 노랑이는 시야가 좁아지는 안경을 쓰고 있어서 손을 잡고 가줘야 한다면, 보랑이는 누구보다 넓은 시야를 가지고 있지만 겁이 많아서 앞으로 나가지 못하는 차이입니다.

또 보랑이는 넓은 시야와 함께 굳은 심지도 가지고 있습니다. 당장은 겁을 먹고 공부에 속도가 나지 않더라도 자신만의 확고한 주관을 세울 수 있도록 도와주세요. 누구보다 탄탄한 자신만의 계획으로 빠르게 치고 나갈 테니까요.

이제 보랑이들의 학습 스타일과 강점을 살릴 대화 방법을 알아봅시다.

● 숲도 보고, 나무도 봐요

보랑이들은 공부할 때 숲도 보고 나무도 보며, 때로는 가지와 잎사귀까지 살펴보려는 탐구심 강한 아이입니다. 또 학습 과정에서 특정 개념의 이면에 무엇이 있는지 궁금해하며, 깊이 파고드는 것을 좋아합니다. 파고든다는 점에서는 노랑이와 비슷하지만, 전체적인 그림을 보면서도 세부적인 것까지 놓치지 않으려는 스타일이기 때문에 약간 차이가 있습니다.

그리고 이런 학습 스타일 때문에 아이가 평소에 보여주는 날카로운 질문이나 공부하는 시간에 비해 성적은 기대만큼 나오지 않을 수 있습니다. 성적보다는 알아가는 과정 자체에 흥미를 느끼기 때문입니다. 밑에 준비한 보랑이들이 학교와 집에서 공부하는 모습을 읽으면 빠르게 이해하실 수 있습니다.

학교에서의 사례

보랑이는 사회 시간에 '우리 고장의 역사'를 배웠습니다. 다른 친구들은 고장의 유명한 인물이나 역사적 사건을 외우는 데 집중했지만, 보랑이는 왜 그 인물이 그렇게 중요한지, 그 사건이 왜 일어났는지 더 알고 싶었습니다. 수업 중에 선생님이 설명한 내용이 충분하지 않다고 생각한 보랑이는 부모님께 더 많은 이야기를 물어보거나 책을 찾아보았죠.

이렇게 추가로 공부한 덕분에 우리 고장의 역사를 더 깊이 이해할 수 있었지만, 시험에서는 공부해야 하는 다른 부분이 소홀해져 높은 점수를 받지 못했습니다. 그럼에도 불구하고 보랑이는 새롭게 알게 된 것들이 재미있었고, 사회 공부가 더 즐거워졌습니다.

가정에서의 사례

보랑이는 과학 책을 읽다가 '식물의 성장 과정'이 궁금해졌습니다. 책에는 씨앗이 싹이 트고 자라는 과정이 간단하게 설명되어 있었지만, 씨앗이 자라려면 정확히 어떤 조건이 필요한지 더 알고 싶어진 것이죠. 그래서 직접 여러 종류의 씨앗을 심고, 각각 다른 환경에서 키워보며 어떤 차이가 있는지 관찰했습니다. 물을 얼마나 주는지, 햇빛을 얼마나 받는지에 따라 달라지는 모습을 보며 식물의 성장에 필요한 조건을 스스로 이해하게 되었습니다. 보랑이는 이렇게 스스로 실험하며 배운 것들에 더 큰 흥미를 느꼈고, 과학이 더욱 재미있어졌어요.

위의 사례에서 알 수 있듯, 보랑이는 학습 과정에서 깊이 있는 이해를 추구하고, 자신이 궁금한 점을 탐구하는 데 많은 노력을 기울입니다. 유형에 따라서는 나이가 더 많은 아이들보다 성숙한 모습을 보여주기도 하죠. 이런 아이들에게는 그들의 호기심을 존중하고, 탐구심을 격려해 줄 수 있는 학습 환경이 필요합니다.

● 나만의 시간표로 공부하고 싶어요

보랑이들은 독립적인 성향이 강합니다. 공부할 때도 자신만의 방식과 페이스를 중요하게 생각하죠. 자신이 어떻게 공부해야 가장 효율적인지 스스로 판단하고 계획하려는 경향도 있습니다. 학년이 올라갈수록 이러한 성향도 더 강해지며, 다른 사람의 지시에 따르기보다 자기만의 방법으로 공부하고자 합니다. 극단적인 경우, 모두가 가는 학원 수업보다 집에서 혼자 공부하는 것을 더 선호하기도 하죠.

이런 모습 때문에 부모와 갈등이 생기기도 하지만, 아이의 독립적인 학습 스타일을 존중해주는 것이 중요합니다. 다음은 보랑이와 부모가 마주할 수 있는 상황과 갈등, 해소의 예시입니다.

4학년이 된 보랑이는 시험 준비를 할 때, 학원에서 배우는 내용을 그대로 따라가기보다 자신만의 방식으로 공부하는 것이 더 효율적이라고 느끼게 되었습니다. 학원에서는 정해진 순서대로 과목별 문제를 풀어야 하지만, 자신이 약하다고 느낀 과목을 집중적으로 공부하는 게 더 효과적이라고 생각한 것이죠.

그래서 학원에서 준 문제집을 집에서 자신만의 계획에 따라 풀기 시작했고, 자신이 세운 계획에 맞춰 공부하면서 성취감을 느꼈습니다. 하지만 친구들과 다른 방식으로 공부했기에, 학원에서 시험을 칠 때마다 낮은 성적을 받아야 했습니다. 선생님과 부모님 모두 이런 모습이 우려스러웠죠.

부모님은 보랑이의 늦은 진도를 걱정해 학원에서 주어진 공부 방법을 따르도록 권했습니다. 하지만 보랑이는 학원의 방식보다 자신의 계획이 더 맞다고 주장했고, 부모님과 다툼이 일어나고 말았습니다. 결국 부모님은 아이의 의견을 존중해 시험 기간에는 아이가 만든 시간표대로 공부하도록 허락해야 했습니다.

이처럼 보랑이는 독립적인 학습을 선호하며, 자신의 방식으로 공부하고자 하는 성향이 강합니다. 이러한 아이의 성향을 이해하고 주도적으로 학습할 수 있도록 격려해 주세요. 여기서 얻은 자신감을 바탕으로 스스로 학습 계획을 세우고, 책임감 있게 공부하는 법을 배울 수 있습니다.

마인드맵으로 꼬리에 꼬리를 무는 공부법

: 구조화와 생각 정리가 가진 힘

보랑이들은 정보를 이해하고 자기만의 방식으로 정리할 때 더 깊이 있는 학습을 할 수 있습니다. 이 과정에서 마인드맵 같은 도구를 이용하면 학습 내용을 더 쉽게 파악하고, 새로운 지식을 기존 지식과 엮어 더 나은 결과를 만들 수 있습니다.

이 시기의 아이들을 위해서 다양한 학습교구를 준비해 주세요. 특히 초등학교 3, 4학년 시기의 아이들에게는 재미있고 직관적인 시각적 학습 방법이 유용합니다. 어떻게 대화해야 아이들의 생각을 정리하고, 색다른 방법을 받아들이게 할지 알아봅시다.

(부모) 보랑아, 오늘 학교에서 어떤 거 배웠나 궁금하다.

(보랑이) 기억은 잘 안 나는데, 지난 시간에 알을 낳는 동물 배우고,
　　　　 이번엔 새끼를 낳는 동물을 배웠어요.

(부모) 흥미롭네! 혹시 알을 낳는 동물과 새끼를 낳는 동물, 기억나는 게
　　　　있어? ①

(보랑이) 음… 수업 시간에 들었는데, 자세히는 잘 모르겠어요.

(부모) 그렇구나, 시간이 흐르면 기억이 안 날 수도 있지. 그래서 공책에 정리하는 거야. 글과 그림으로 정리하면 훨씬 더 잘 기억하고 공부도 재밌어지거든. 지난번처럼 배운 내용을 마인드맵으로 정리해볼까? ②

(보랑이) 저번에 했던 거요?

(부모) 맞아! 보랑이가 떠오르는 대로 연결해 보면서 생각나는 걸 그림과 글로 정리해 보는 거야.

(보랑이) (혼잣말하며 마인드맵을 완성하곤 활짝 웃는다)

(부모) 잘했어! 이런 것까지 떠올리다니, 정말 대단하네, 우리 보랑이. ③

앞서 언급한 것처럼, 보랑이는 전체적인 흐름과 세밀한 요소를 잘 연결하는 능력이 있습니다. 그래서 ①과 같은 질문을 통해 아이의 탐구력을 자극하는 것이 효과적입니다. 이어서 ②처럼 공책 정리와 마인드맵 방법을 제안하여 아이가 시각적으로 구조화하며 이해할 수 있게 도와주세요. 이 책을 지금껏 읽어오신 부모님들은 이제 ③과 같은 마무리 대화에 익숙해 있으시겠지요? 마지막은 아이가 정리한 내용을 칭찬하면서 대화를 마무리하는 것이 중요합니다.

이번엔 일상에서 마주칠 주제로 어떻게 보랑이들을 공부시킬 수 있는지, 보랑이의 기질을 가진 저희 넷째 아이와의 대화 예시를 통해 알아보겠습니다.

대화 사례: 달의 모양을 주제로 관찰과 탐구 유도하기

(보랑이) 엄마, 달이 나를 따라와! 근데 매일 모양이 조금씩 달라져요.

(엄마) 정말? 달이 어떻게 달라지는지 잘 보고 있었구나!

어제 본 달 모양이랑 오늘 달 모양이 다르다고 느꼈어? ①

(보랑이) 네! 어제는 반쪽 같았는데, 오늘은 조금 더 동그랗잖아요.

(엄마) 우와, 우리 보랑이가 매일 달을 보면서 발견한 거네.

집에 달이 그려진 그림책이 있었던 것 같은데, 오늘 같이 보면서

달을 더 알아볼까? ②

(엄마가 말한 걸 기억하고, 집에 와서 그림책을 펼치며)

(보랑이) 음, 이 그림은 반쪽 달인데 오늘 본 건 더 동그랬어요.

(엄마) 그렇지! 달은 매일 조금씩 모양이 바뀌는 것 같아.

(보랑이) 엄마! 나 오늘 뜬 달을 그려볼래요.

(엄마) 좋은 생각이야. 매일매일 그려보면 달이 어떤 모양으로 변하는지

알 수 있겠는걸? ③ 엄마도 정말 기대된다.

①의 질문은 아이가 달의 변화를 스스로 관찰하고 표현하도록 돕는 역할을 합니다. 보랑이들은 이 질문으로 자기가 발견한 것을 이야기하며 호기심을 확인받고, 더 깊이 알아보려는 욕구를 키울 수 있습니다. ②는 아이의 호기심을 존중하고, 그림책이라는 친숙한 매체를 통해 자연스럽게 탐구할 기회를 만들어 줍니다. ③은 보랑이가 꾸준히 주제를 관찰하며 기록할 동기를 제공합니다. 이 대화를 통해 안정감을 얻고 스스로 관찰과 탐구를 즐기는 우리 아이, 생각만 해도 짜릿하지 않나요?

짧은 복습, 충분한 휴식 사이클

: 멈춤이 아닌, 더 나아가기 위한 잠시의 쉼표

보랑이들은 예민한 성격을 가진 만큼, 학교나 학원에서 다른 아이들과 만나며 항상 긴장하고 있을 가능성이 높습니다. 그래서 집에 돌아오면 기진맥진한 상태일 때가 많죠. 하지만 동시에 책임감이 강해서 숙제를 미루지 않고 해결하려고 애쓰다 보니 체력 저하로 인한 악순환에 빠지기도 쉽습니다.

이런 보랑이의 특성을 고려할 때, 부모는 아이가 충분한 휴식을 취할 수 있도록 도와주어야 합니다. 특히, 공부할 때 20분에서 30분 정도 짧은 복습을 한 후, 충분한 휴식을 주는 사이클을 만들어 주는 것이 중요하죠. 이런 사이클이 몸에 익으면 아이는 공부에 집중하면서도 에너지를 효율적으로 관리할 수 있습니다.

학교에서 배운 덧셈과 뺄셈 문제를 복습해야 하는 상황을 예시로 알아보겠습니다.

(부모) 오늘 수학 숙제했니?

(보랑이) 아직 안 했어요. 학교에서도 수학 문제를 많이 풀었는데, 집에서

도 풀어야 하니까 너무 피곤해요.

(부모) 그럴 것 같아. 그럼 20분만 집중해서 덧셈과 뺄셈 문제를 풀어 보자. ① 그리고 30분 동안 네가 좋아하는 책을 읽거나, 좋아하는 간식을 먹으면서 쉬는 시간을 갖는 건 어때?

(보랑이) 20분만 하면 금방 끝나겠죠?

(부모) 그럼! 끝내고 나서 쉬는 시간이 있으니까 더 잘할 수 있을 거야.

(보랑이) 좋아요. 한번 해볼게요!

(부모) 그래! 집중해서 짧게 공부하고 충분히 쉬면 더 좋은 결과를 얻을 수 있어. 그리고 다음에 또 이렇게 공부하면 너도 공부가 더 쉬워질 거야.

이 대화에서 부모는 아이에게 ①과 같은 말을 통해 짧게 집중해서 복습한 뒤 충분한 휴식을 취하면, 체력 관리와 학습 효과에 모두 도움이 된다는 것을 알려줄 수 있습니다.

긍정적 기록을 차곡차곡, 공부 에너지를 높여라

: 작은 긍정을 쌓아 만든 자신감이라는 다리

보랑이들은 완벽주의적인 성향 때문에 자신이 잘한 것보다 잘못한 것을 더 신경 쓰곤 합니다. 그래서 작은 실수에도 쉽게 좌절하거나 부정적인 감정에 휩싸이기 쉽죠. 보랑이가 좌절하기 전, 부모의 칭찬을 통해 긍정적인 성취를 기록하는 습관을 들이는 것이 중요합니다. 이런 기록을 통해 자신이 해낸 일들을 다시 돌아보고, 성취감을 느끼며 공부에 대한 자신감을 키울 수 있으니까요.

(부모) 오늘 받아쓰기 시험 봤다면서? 점수는 어떻게 나왔어?

(보랑이) 90점 받았어요…. 쉬운 문제를 두 개나 틀렸어요. 완벽하게
　　　　 하고 싶었는데 너무 아쉬워요.

(부모) 90점도 정말 잘한 거야! ① 잘한 부분을 먼저 기억해보자.
　　　 그리고 틀린 문제는 다음번에 더 잘할 수 있도록 연습하면 돼.

(보랑이) 그래도 100점이 아니어서 속상해요.

(부모) 엄마도 네가 100점을 받았으면 좋겠지만, 오늘 90점을 받은 것도
　　　 정말 대견하게 생각해. 이걸 기록해보는 건 어때? 오늘 잘한 점을

적어두고, 다음에 더 잘할 수 있도록 다짐도 써보자. ②

(보랑이) 그럼, 잘한 점을 적어 볼래요. 다음엔 100점을 받을 거예요.

(부모) 이렇게 차곡차곡 좋은 기록을 쌓으면 공부할 때 큰 힘이 될 거야.

부모가 ①처럼 말해주면 아이가 자신의 성취를 깨닫고, 긍정적인 사고 방식을 가질 수 있습니다. 작은 성공을 경험하며 자부심을 느끼도록 해주는 것이죠. ②를 통해서는 아이가 자신의 발전을 명확하게 알고, 자신감을 더욱 높일 수 있습니다. 이런 대화는 미래의 아이가 어떤 것에 도전하더라도 긍정적인 태도를 가질 수 있게 도와주는 기반이 됩니다.

하지만, 보랑이는 부모의 말에 예민하게 반응하는 만큼, 부모님이 꼭 주의해야 할 부정적인 말도 있습니다. 이러한 부정적인 표현은 비단 보랑이뿐만 아니라 다른 유형의 아이들에게도 영향을 미칠 수 있으니, 모든 부모님이 주의 깊게 살펴보셨으면 합니다.

① "왜 이렇게 못해? 항상 틀리는구나.": 이런 부정적인 피드백은 아이의 자존감을 낮추고, 실패에 대한 두려움을 심어줘 공부에 흥미를 잃게 만들 수 있습니다.

② "다른 친구들은 잘하는데 너는 왜 그러니?": 비교는 아이에게 불필요한 압박감을 줍니다. 자신이 남들과 다르다고 느끼면 아이는 자기 능력을 의심하게 되고, 결과적으로 공부에 대한 의욕을 잃을 수 있습니다.

③ "이 정도는 해야지, 너무 기본적인 거 아니야?": 이런 식의 지적은

아이가 자신의 성취를 가볍게 여깁니다. 아이는 자신의 노력이 평가받지 못한다고 느껴, 앞으로의 공부에 대한 동기를 잃게 되는 것이죠.

부모의 긍정적인 언어가 아이에게 힘이 되는 것처럼, 부정적인 언어는 아이의 학습 의욕과 자신감을 낮출 수 있다는 점을 기억해 주세요. 긍정적인 대화를 통해 아이가 성장할 수 있는 환경을 만들어 주는 것이 부모의 역할입니다. 모든 아이는 각기 다른 발걸음 속에 무한한 가능성이 숨어 있으니까요.

지금까지 맞춤형 공부 대화를 통해 우리는 아이의 기질과 성향, 그리고 그들이 지닌 강점 지능에 맞춘 접근이 얼마나 중요한지 알아보았습니다.

아이의 영재성을 키우기 위해서는 그들의 고유한 특성과 능력을 존중하고 이해하는 것이 무엇보다 중요합니다. 그리고 아이가 가진 잠재력을 발견하고, 자아를 실현할 수 있도록 도와야 하죠. 이를 위해서는 각자의 기질과 성향에 맞는 공부대화로 아이의 필요에 응답하는 것이 필수적입니다.

이 과정에서 부모와 아이는 함께 성장할 수 있습니다. 긍정적인 피드백과 격려는 아이에게 자신감을 심어주고, 실패를 통해 배우는 기회를 제공합니다. 아이가 힘들어할 때 지지하면서 더 강하고 단단한 아이가 되도록 도와주세요.

두 아이를 영재교육원에 보낸
면접 합격 꿀팁!

대학부설 영재교육원 2차 전형에서는 자기소개서 외에도 탐구활동 산출물 증빙자료와 면접이 중요한 평가 요소입니다. 이 두 가지는 아이의 학습과 성장 과정을 잘 보여줄 수 있는 기회이므로, 어떻게 준비해야 할지 알아보겠습니다.

▶ 탐구활동 산출물 증빙자료 ◀

탐구활동 산출물은 아이가 오랜 기간 수행한 프로젝트나 탐구활동의 과정과 결과를 증명하는 자료입니다. 이는 단기간에 준비할 수 있는 것이 아니라, 중장기적으로 꾸준히 진행한 프로젝트에 대한 기록이 필요하므로 사전 준비가 필수입니다.

예를 들어, 저희 아들은 두 가지 탐구 주제를 자기소개서에 적었고, 그에 대한 연구 결과물과 과정 사진을 증빙자료로 제출했습니다. 단순한 수상 내역이나 영재교육원 수료증은 제출할 수 없으며, 실제로 수행한 실험이나 프로젝트의 결과를 사진으로 제출해야 합니다.

◦ 산출 증빙자료 실제 예시 1 ◦

발명품: **소음 제거기**
아들은 소음 문제를 해결하기 위해 간단한 발명품을 제작했습니다. 제작 과정의 사진과 함께 아이가 겪은 문제, 해결 방안, 그리고 결과를 상세히 기술했습니다. 이 과정에서 어떤 과학적 원리를 적용했는지 설명하며, 구체적인 학습 경험을 부각했습니다.

◦ 산출 증빙자료 실제 예시 2 ◦

환경 조사 프로젝트: **우리 동네 식물 조사**
아들은 지역의 식물 생태계를 조사하는 프로젝트를 진행했습니다. 조사 과정에서 촬영한 다양한 식물의 사진과 함께 조사 결과를 정리한 보고서를 제출했습니다. 조사 과정에서의 발견과 문제 해결 경험을 강조하며, 자신이 배운 점을 기술했습니다.

《탐구활동 산출물 증빙자료 작성 팁》
- 과정 중심으로 작성: 탐구 과정에서 아이가 스스로 발견한 문제와 그 해결 과정을 구체적으로 기술하세요.
- 사진 첨부 필수: 실제 발명품이나 연구 결과를 사진으로 찍어 제출하며, 결과보다 과정에서의 배움을 강조하세요.
- 시각적 구성: 사진과 설명을 조화롭게 배치하여 심사위원들이 한눈에 이해할 수 있도록 합니다.

▶ 심층 면접 준비 ◀

2차 전형에서 심층 면접은 아이의 생각을 얼마나 논리적으로 표현할 수 있는지 평가하는 중요한 요소입니다. 실제로 아들이 경험한 면접 질문을 바탕으로 어떤 준비가 필요할지 살펴보겠습니다. 이러한 질문들은 아이의 논리적 사고와 창의성을 평가합니다. 면접 준비 시에는 아이의 경험을 바탕으로 답변을 준비하도록 유도하는 것이 중요합니다.

예시 질문들

- "지구 온난화를 해결하기 위한 창의적인 방법을 제시해 보세요."
- "학생이 발명한 것이 세상을 어떻게 바꿀 수 있을까요?"
- "과학적 탐구 과정에서 가장 어려웠던 점은 무엇이었나요? 그 문제를 어떻게 해결했나요?"
- "자기소개서에 쓴 독서 목록 중 0000은 어떤 점에서 인상 깊었고, 또 어떤 영향을 주었나요?"

《면접 준비 꿀팁》
- 실전처럼 연습하라: 면접 연습을 할 때 실제 상황처럼 시간도 맞추고, 질문에 대해 대답해 보세요. 편안한 분위기에서 연습하는 것이 좋습니다.
- 핵심을 간결하게 말하라: 답변을 길게 늘어놓기보다는 핵심을 짧고 명확하게 전달하는 연습이 필요합니다.
- 경험을 바탕으로 이야기하라: 답변을 외우듯 준비하기보다는, 아이가 실제로 경험한 내용을 중심으로 이야기하도록 유도하세요.

- 모르는 질문이 나와도 당황하지 말기: 예상치 못한 질문이 나올 수 있으므로, 자신만의 논리를 가지고 생각을 풀어가는 태도를 보여주는 것이 중요합니다.
- 과도한 장황함 피하기: 너무 많은 정보를 한꺼번에 전달하지 않도록 하고, 핵심에 집중하여 답변을 간결하게 마무리하세요.
- 눈을 보고 이야기하기: 면접관과 눈을 맞추며 대화하는 것이 중요합니다. 표정과 눈빛을 신경 쓰고 자연스러운 대화를 유도하세요.

영재교육원에 지원하는 과정은 아이와 부모 모두에게 큰 도전이지만, 이 과정을 통해 아이가 배울 수 있는 것은 단순히 합격 이상의 의미를 가집니다. 아이의 성향과 강점을 파악하고, 그에 맞는 방향으로 나아가도록 도와주는 것이 중요합니다.

아이의 기질에 맞춘 대화법을 통해 아이가 자신의 강점을 발견하고 발전시킬 수 있도록 돕는 것이 공부의 핵심이며, 이 과정에서 얻는 배움은 영재교육원이 아닌 다른 길에서도 큰 도움이 될 것입니다. 부모님의 응원과 지지가 아이에게 가장 큰 힘이 된다는 것을 잊지 마세요!

육아 여정, 함께 걸으며 배우는 길

아이를 키우는 것은 마치 긴 여행과 같습니다. 예상치 못한 장애물을 만나거나 때로는 방향을 잃기도 하니까요. 하지만 모든 아이는 결국 자신만의 속도와 방식으로 성장합니다. 조급함을 내려놓고 아이를 있는 그대로 인정하고 지지해줄 때, 우리는 아이의 가능성을 온전히 펼쳐줄 수 있습니다.

저 또한 부모로서 매일 최선을 다해 아이와 소통하고, 가능성을 키워주기 위해 노력해 왔습니다. 그만큼 이 헌신이 얼마나 값진 것인지 잘 알고 있습니다. 그러나 이 성장을 위한 여정은 아이만의 것이 아닙니다. 부모인 우리도 함께 배우고 변화하며 더 깊은 지혜와 사랑을 얻게 됩니다.

저와 남편이 우리 집 4남매인 민준, 서준, 원준, 지안이를 키울 때도 마찬가지였습니다. 더없는 기쁨과 희망을 얻었지만, 그 과정에서 수많은 고민과 갈등, 때로는 어려움도 겪었습니다. 하지만 그 모든 과정 덕분에 더 깊고 단단한 힘을 얻을 수 있었습니다. 또한, 교실에서 만난 수많은 제자들과 쌓은 경험들은 저를 계속해서 배우고 성장하게 했습니다.

하지만 출간이라는 낯선 경험 앞에서 네 아이를 키우는 엄마이자 선생님으로서 육아 동지들에게 어떤 도움을 줄 수 있을지, 어떻게 아이와 부모 모두 행복한 육아 시절을 보낼 수 있을지 또다시 새로운 고민이 찾아왔습니다. 그리고 그 답은 결국 '나눔'이라는 사실을 깨닫게 되었습니다. 제가 경험하고 공부한 것을 나누고, 서로의 고민을 함께 나누는 일 말이지요. 이 책이 독자 여러분께 그런 마음으로 다가가길 간절히 바랍니다.

앞으로도 수많은 도전과 어려움이 있겠지만, 그 모든 순간이 우리를 더욱 단단하게 만들 것입니다. 이제는 '정답'을 찾으려고 애쓰기보다, 아이의 독특함을 이해하고 존중하며 그에 맞는 방법을 찾아가는 것이 가장 중요합니다. 육아에는 정해진 길이 없고, 그렇기에 여러분만의 방식으로, 여러분의 아이에게 가장 맞는 길을 만들어 가시길 바랍니다.

그리고 제가 이 책을 쓸 수 있도록 곁에서 묵묵히 지켜봐 준 가족에게 깊은 감사의 마음을 전합니다. 그들의 사랑과 지지가 있었기에 이 책이 탄생할 수 있었습니다. 앞으로도 저는 이웃집 엄마 선생님으로 육아와 자녀 교육에 대한 여러 고민을 다정하게 나누고 싶습니다. 아이들과 함께 성장하고, 그 과정에서 얻은 작은 지혜를 다시 나누며 부모로서, 선생님으로서, 그리고 한 사람으로서 더욱 성숙해지고 싶습니다.

마지막으로, 모든 아이는 특별합니다. 그리고 우리는 그 특별함을 발견하는 여정을 함께 걷고 있습니다. 여러분이 책을 읽으며 느낀 작은 깨달음들을 길잡이로 삼아 그 길의 끝을 부모와 아이가 함께하는 아름다운 동행으로 만드실 수 있기를 응원합니다.

엄마의 대화력

1판 1쇄 인쇄 2024년 12월 2일
1판 1쇄 발행 2024년 12월 12일

지은이 허승희
발행인 김형준

책임편집 허양기, 박시현
디자인 유정희
온라인 홍보 허한아
마케팅 성현서

발행처 체인지업북스
출판등록 2021년 1월 5일 제2021-000003호
주소 경기도 고양시 덕양구 원흥동 705, 306
전화 02-6956-8977
팩스 02-6499-8977
이메일 change-up20@naver.com
홈페이지 www.changeuplibro.com

ⓒ 허승희, 2024

ISBN 979-11-91378-63-4(13590)

체인지업북스는 내 삶을 변화시키는 책을 펴냅니다.